CONTENTS

封面作品作者／Shinnie
封面设计／陈启予　文字／璟安　封面摄影／Akira

董事长暨发行人／吕世文
总编辑／徐舒柔
社务顾问／吕永元、林浩正、余万停

编辑部／黄璟安、陈宇柔、简子杰、李月椿
特约编辑／詹宏人
插画设计／胡乃文
彩色、黑白做法绘图／陈宇柔、李月椿
摄影／詹建华、Akira、萧维刚(Vincent)、
C.CH、周祯和、Milk、Bobi、J.J
特约拼布知识指导老师／
冈本洋子、徐旻秀、许爱敏、颜淑媛、张韵、
陈宝华、陈节、指吸快子

玩美手工网址：www.wanmeishougong.com
河南科学技术出版社网址：www.hnstp.cn
联系邮箱：hnstpdwhz@163.com

Hand Made NO.46 Quilter List

特别感谢本期协作制作

P.6 TEL：03-9566752 伍人慧老师

2001年5月初次接触拼布艺术，随即专心于拼布领域，并尝试创作、跳出传统窠臼，创造多元文化的风格，使意象无限发挥。
http://www.chantau.com.tw/wu/index2.asp

P.8 Yubisui Yasuko 指吸快子老师

出生于日本神奈川县川崎市，杉野短大被服科毕业。在Hearts＆Hands拼布学校学习拼布，现在师从拼布作家小关铃子。作品发表于日本手艺杂志并活跃于拼布展等活动，国际横滨拼布嘉年华展及东京巨蛋展览赏无数。第一本个人拼布创作书现正制作中，敬请期待。更多资讯请至http://yubiquilt.exblog.jp/

P.8 郭桃甄老师

将"生活"当成灵感的发电机，随时随地都可以发挥创意，制造意想不到的超迷你惊喜。现为贝采艺生活艺术馆负责人。与日本指吸快子老师共同打造"甜点系拼布小物"单元。第一本个人作品集《手心里的袖珍甜点》已出版上市并热卖中。http://www.wretch.cc/blog/kky021

P.12 Cinderella拼布&缎带刺绣教室 李淑贞老师 TEL：0936-191220

拼布&缎带刺绣资深讲师。曾旅居国外，因缘际会发现拼布之美，从此进入拼布世界。多次举办成果发表展览。获奖无数，并陆续出版个人著作《Yo-yo Crafts》、《极致缎带绣》等书。
http://tw.myblog.yahoo.com/cinderellaquilt-cinderellaquilt

P.13 手作坊拼布教室 郭桂枝老师 TEL：07-6626668

拼布资历13年，日本手艺普及协会指导员暨第一届机缝讲师，现为手作坊拼布教室负责人。
http://tw.myblog.yahoo.com/quilt_h99

P.14 P.40 买布玩乡村杂货 张慧玲老师 TEL：02-22828390

拼布设计资历18年。作品曾四度获选跃上《巧手易》杂志封面，现为买布玩乡村杂货负责人，与先生一同经营用幸福打造的手作空间。畅销书《拼布创意MY布玩》现正好评热卖中。
http://blog.xuite.net/quilt1004tw/quilt

P.15 小野布房 魏廷仔老师 TEL：02-27722007

有个像家一样的工作室，透过创作分享对生活的真实感受，对幸福和美好的追求。这里有音乐、咖啡招待我们的朋友。亲手种植的花草是蓬勃旺盛的生命力。用心，用创作，用双手记录着真实生活中的点点滴滴。
http://tw.myblog.yahoo.com/onoya_3514/

P.16 比熊屋拼布坊 林妙贞老师 TEL：04-22912769

喜爱拼布包包的人，一定要对"布"的执着，坚持到底，就一定可以做出满意的作品。
http://www.bi-bear-house.com.tw

P.17 小布点拼布艺术 郭铃音老师 TEL：02-23648719

为实现拼布梦，日本文部省通信讲师班毕业后成立工作室，希望通过拼布教学认识更多同好。第一次在《巧手易》杂志发表个人喜爱的羊毛毡技巧搭配拼布作品，希望读者会喜欢。
http://www.qpoint.com.tw/index.asp

P.18 Pany老师 TEL：04-7281088

以温暖可爱贴布风格拥有超多粉丝的人气网络手作家。拼布资历10年以上，坚持拼布就是要做出有趣才是玩。最新的拼布创作书《超可爱贴布缝的童话王国》（首翊＆手艺）即将出版，敬请期待。
http://ling-yu.shop2000.com.tw/

P.19 鸭子拼布屋 叶美华老师 TEL：0922-983697

三五好友在飘着咖啡香的拼布工作室里，一针一线享受着幸福的时光，小小的空间，完成大大的梦想。
http://tw.myblog.yahoo.com/m561015-yeh/

P.20 175拼布坊 谢美玉老师 TEL：03-5425800

遨游于针线的快乐，就如同蝴蝶飞舞于花朵时的感动，175拼布坊邀您一起舞拼布。
http://tw.myblog.yahoo.com/millerhome-9999

P.21 Miss Su拼布学园 苏惠芬老师 TEL：04-23017492

日本手艺普及协会第一届拼布讲师暨指导员，现为Miss Su拼布学园负责人。曾于《巧手易》杂志连载"布的手绣之美"单元。

P.22 台湾拼布网 郭芷廷老师＆赖淑君老师 TEL：02-26548287

由一群对拼布极度喜爱的人所组成的团队，因为热爱所以有很大的期待，期待多样的刺激能激发出更多创作者多元的想象空间。
http://tw.myblog.yahoo.com/quilt_taiwan

P.24 网络作家 Judy

喜欢拼布的网络人气自由作家、桃子妹妹图案原创者，持续于个人博客发表最新拼布创作作品，深受网友的支持与喜爱。
http://tw.myblog.yahoo.com/judy-patch/

P.26 乡村拼布教室 张贵樱老师 TEL：04-22467150

日本Tsushin结业讲师、日本余暇协会机缝讲师，拼布资历17年以上，现为乡村拼布教室负责人。一针一心思，一线一希望。

P.28 木棉坊拼布美学 洪凤珠老师 TEL：02-24293917

1989年成立教室至今已20多年，在拼布的世界，找到美丽并富有成就感，让生活沉浸在艺术里。http://tw.myblog.yahoo.com/diana-24293917/

P.30 Kat's quilt garden 阿Kat老师 TEL：03-4923937

喜欢玩布块拼接与配色游戏，特别钟爱30年代复刻版布与小关铃子风格，深信拼布会带来令人愉悦的心情，让生活更温暖美好，让自己永远年轻喔！
http://www.wretch.cc/blog/quilterkat

现任贝佳时尚布工坊副店长，创作经历12年。作品多次于中国台湾、日本、韩国参展及参赛。曾获日本拼布大赏袋物冠军，创作颠覆一般拼布，编织一篇篇动人的故事！
http://tw.myblog.yahoo.com/a9411734651029/

本期封面作者

超人气网络手作家。著有畅销书《Shinnie的布童话》、《Shinnie的手作兔乐园》，现正好评热卖中。
http://tw.myblog.yahoo.com/quilt-shinnie/

人气图案厨娃、阿粘熊原创设计者。手作，让人有颗暖暖的心，幸福的拼图一针一线慢慢缝制，就是爱手作！著有畅销书《好可爱拼布—厨娃、阿粘熊、粘粘兔》，现正好评热卖中。
http://tw.myblog.yahoo.com/nienandsu-beartwo/

现为悠游工坊负责人，从事拼布制作、彩绘、缎带花等教学，经验超过20年。畅销书《风华绝袋——悠游机缝拼布》好评热卖中。
http://www.wretch.cc/blog/yoyohand

热爱拼布的自由作家，擅用大胆鲜艳的色彩创作出各式独具风格的作品。畅销书《非玩布可——我的拼布旅行簿》，现正好评热卖中。
http://angisstudio.blogspot.com

我们的灵感，发想于生活经验的延续：拼布人生，鲜明多样，宛如春天的新绿、盛夏的苍翠、深秋的枫红、严冬的皑雪。畅销书《布·只是时尚》现正好评热卖中。
http://www.cottonlanguage.com.tw/

玛米工房（Mamis Decoupage Studio）负责人。Decoupage纸艺拼贴专业教学11年以上，畅销书《纸艺拼贴乐手学》现正好评热卖中。
http://tw.myblog.yahoo.com/decoupage_mami/

刻章资历4年。以美式杂货个性风格为创作特色，畅销书《笑刻刻——刻章达人的创意手作书》现正好评热卖中。

日本手艺普及协会指导员、光乔机缝拼布指导员、拼布资历10余年。拼布即生活不可缺少的元素，用人生的经验创作出与众不同的拼布作品。
http://tw.myblog.yahoo.com/shulitw/

用花布当彩笔作画，把每件作品都当成独一无二的艺术品创作，每个人皆可创作出属于自己的画。壁饰作品"庆典练习曲"荣获2010年日本横滨拼布展现代拼布通信赏。
http://www.joy-house.com.tw/

1997年成立八色屋拼布木器彩绘教室，将喜爱手作及DIY的兴趣化为梦想。达人的拼布讲座Live"拼布VS刺绣"现正人气连载中。
http://www.e-colors.idv.tw

1996年日本通信社讲师，拼布资历14年以上。达人的拼布讲座Live"拼布VS家饰"现正人气连载中。

幸运草机缝拼布教室负责人，擅长使用各式素材、工具搭配拼布作品，于《巧手易》杂志内配合人气专栏好评连载中。

自由作家。《巧手易》杂志新单元"I love HOBBYRA HOBBYRE"连载作家，喜欢布的舒服质感，创作出自己最爱的手作风布作。E-mail:gretachern@gmail.com

自由作家。《巧手易》杂志内专栏作家，喜欢制作、设计专给幼儿使用的可爱拼布小物，连载持续中。

社区大学教学经验13年。2008年起在台中、新竹、高雄、苗栗等各地美术馆举办"邱碧兰拼布个展"http://tw.myblog.yahoo.com/jw!IKimGRCQGR_QkziMtNpr6w--

诞生于爱知县名古屋市。成为社会人后，在公司工作了10年左右，其间结婚而离职，现在是2个孩子的母亲。孩子成长后开始学习拼布，1995年拿到讲师证书、1997年取得指导员资格，现在于家中开设教室。

1990年成立熊手作拼布教室、日本Patchwork通信社第一届毕业、1993年曾获日本"清里拼布周93'"拼布部门赏、1994年作品"兔子的梦"于第二回日中Patchwork交流获第一名赏、1998年作品"青春舞曲"于台湾手工业研究所第六届征集入选、2000年获邀于诚品书店成立"私房拼缀"师生创作联展、2010年至今为隆德贸易有限公司美术顾问。amy95251620@yahoo.com.tw

Thank you

缀满爱心的小洋装，

配上蝴蝶结的娃娃鞋，

咦，没有化妆怎么脸红红的？

嘿嘿！原来兔仔偷偷恋爱了。

Cosmetic bag

长耳兔仔脸红红化妆包

⋯⋯⋯ 完成尺寸：约15cm×12cm×5cm ⋯⋯⋯

可爱度 UP！

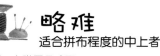

略难
适合拼布程度的中上者

➔ 内附原尺寸图
制作方法请参考P.91

超 Q 的兔子图案，
俘获所有的少女心。

侧边的小花纽扣，
女孩儿味的细腻设计。

Underwear
长耳兔仔花漾少女内衣

嘘！偷偷说，都是卷卷发兔仔送我的哟！

还有一封歪歪扭扭字体写成的情书，

桌上摆着一盒蜜桃口味的巧克力，

作品尺寸：约27cm×15cm

日本梦幻拼布教主 指吸快子 & 台湾袖珍甜点达人 郭桃甄

红粉巴黎可颂随身袋

■作品设计、制作／指吸快子老师、郭桃甄老师 ■摄影／Akira ■文字／Brownie ■美术设计／Celina

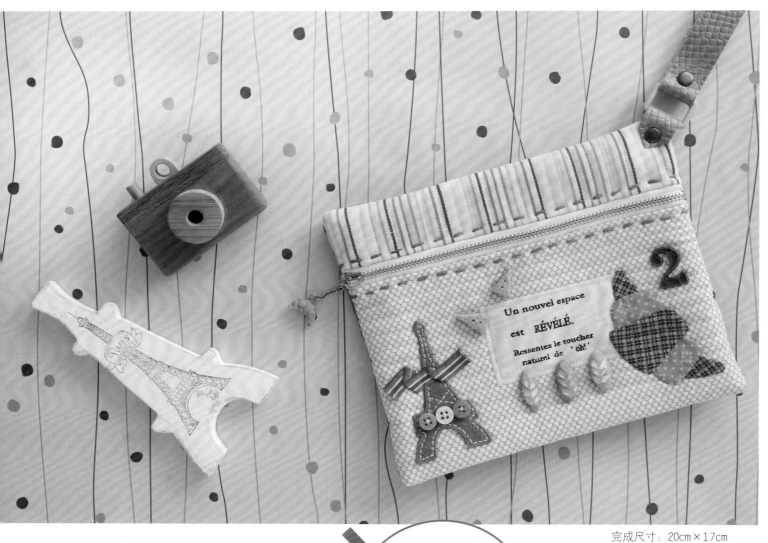

完成尺寸：20cm×17cm

我的巴黎小情歌，

可颂串起的旋律，

飘出起司的香味，

绕着铁塔转圈圈。

back look！

略难

适合拼布程度的中上者

➜ 内附原尺寸图
制作方法请参考P.92

Baguette 的香气
小吊饰

作品尺寸：长约5cm

就让 baguette 的香气，
收藏一路上巴黎的风景。

作品
欣赏

日安! 法式小面包
圆形收纳袋

作品尺寸：直径16cm

开动喽!

切开一个圆面包，

抹上厚厚的牛油，

属于我的巴黎小幸福。

迷你版的面包排排站，
好可爱!

YUWA LIVE LIFE COLLECTION

日本有轮商店创立于 1974 年，以出品美轮美奂的 YUWA 布料闻名全球。有轮商店拥有一批世界一流的拼布作家和布料设计师，著名的冈本洋子、乡家启子、向野早苗、小关铃子、园部美知子、末富美知江、藤田久美子、松山敦子、宫崎顺子等名家，每年设计出花色丰富的美布，风靡全球的布艺爱好者。

宝库手工自 2010 年开始成为日本有轮商店在中国大陆地区的进口总代理，目前已经引进数百个花色，欢迎光临选购！

"宝库手工"为中日合资企业——北京宝库国际文化发展有限公司的简称，专业从事手工图书版权的引进、手工培训、手工工具和材料的进口销售，是一家资源丰富、业务广泛的手工综合企业。目前宝库手工已经成功承办两届日本手艺普及协会主办的"拼布讲师养成讲座"，主办了缝纫机拼布本科、高等、讲师资格培训班，拼布本科、高等、讲师的资格培训班以及兴趣班常年举办中。宝库手工还将陆续开办缝纫、编织、刺绣、押花、彩绘等培训业务。

北京宝库国际文化发展有限公司
电话：01062569376 传真：01082420768
网站：http://www.pkcraftcenter.com
信箱：craftbook@yahoo.cn
淘宝网店：http://handcraftcenter.taobao.com

第三届中国拼布讲师养成培训班开始招生
拼布本高连续资格培训班 2012 春季班招生
YUWA 洋裁培训 2012 春季班开始招生

Top A

趣味布玩咖　先染布

拼布人的经典先染话题

布的趣味，只有玩咖才能体会！

Quilt's Top
拼布最前线

for 中、高级生

Top B

布的游乐园

小鸟造型

拼布鸟儿在唱歌

欢迎光临，布的游乐园！Let's enjoy it!

 难
适合挑战创作的拼布者

 略难
适合拼布程度的中上者

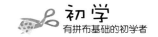 初学
有拼布基础的初学者

先染布

典雅质朴的先染布，
一直都是传统拼布必用的布料，
不需要太过花哨的配色，
添加些许装饰点缀，
崇尚自然风格纯粹拼布的设计，
就是先染布最大的特色。

作品设计、指导、提供／李淑贞老师　协力制作／俞攸洁
完成尺寸：24cm×7cm×6cm（白玫瑰笔袋）
　　　　　19.5cm×10.5cm×5.5cm（白玫瑰化妆包）
　　　　　9.5cm×5.5cm×4cm（红玫瑰零钱包）
　　　　　13cm×4cm×3cm（红玫瑰印章袋）

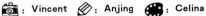：Vincent ：Anjing ⬤：Celina

红白玫瑰系列手作
化妆包、铅笔袋、零钱包、印章袋

当红玫瑰遇上白玫瑰，谁都想和浪漫较量一番；
美丽的缎带绣人人爱，邀你共写秋日先染童话。

POINT 1

创意缎带绣装饰，
利用相同纸型，换个方向折
即可变化出2款作品。

✂ 初学
有拼布基础的初学者

➡ 内附原尺寸图
制作方法请参考P.93

悠游花海粉嫩提袋

表袋利用YOYO技巧，
做成仿褶花的拼接，
别上一朵粉色系手作布花，
好想提着袋子去散步！

作品设计、制作、提供／郭桂枝老师
完成尺寸：35cm×25cm×11cm

📷：Vincent　✏️：Anjing　🎨：Celina

POINT 2

表袋抓褶、
YOYO技巧、立体布花。

Point
自制手作布花。

难
适合挑战创作的拼布者

→ 内附布花、袋底原尺寸图
袋物制作方法请参考P.94

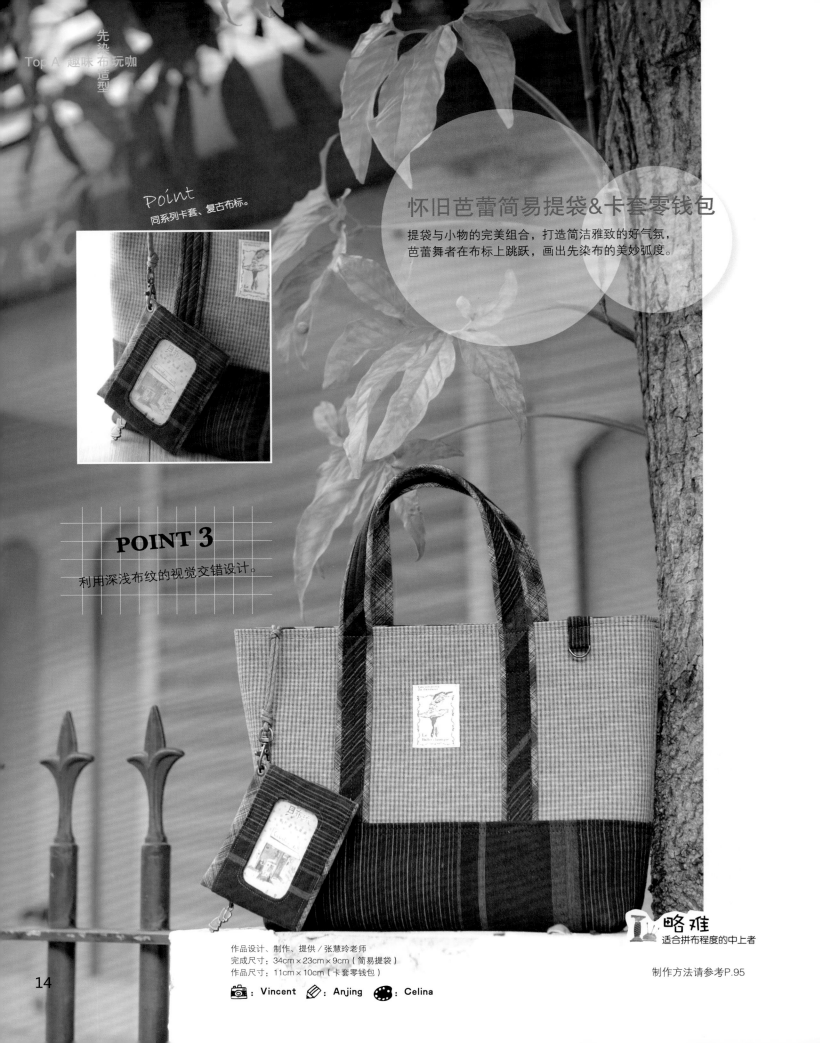

Point
同系列卡套、复古布标。

怀旧芭蕾简易提袋&卡套零钱包

提袋与小物的完美组合，打造简洁雅致的好气氛，
芭蕾舞者在布标上跳跃，画出先染布的美妙弧度。

POINT 3

利用深浅布纹的视觉交错设计。

略难
适合拼布程度的中上者

作品设计、制作、提供／张慧玲老师
完成尺寸：34cm×23cm×9cm（简易提袋）
作品尺寸：11cm×10cm（卡套零钱包）

制作方法请参考P.95

📷：Vincent　✏：Anjing　🎨：Celina

14

双面先染曲线包

这一面是直条纹曲线，另一面有拼接感觉，
缀上蕾丝花瓣，我追求的是一种奢华低调。

作品设计、制作、提供／魏廷仔老师
完成尺寸：29cm×24cm×8cm

📷：Vincent　✏️：Anjing　🎨：Celina

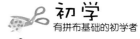

初学
有拼布基础的初学者

➡️ 制作方法请参考P.96

Point
将包包翻出，可双面交替使用。

POINT 4

双面布包与简易洋裁。

POINT 5

贴布图案、水晶装饰。

Point
打开侧边扣子，立即变身口袋！

展翅高飞肩背包

向前走吧，
人生就是要不断往前才会更进步；
目标近在咫尺，
我的手作梦想正要展翅高飞。

作品设计、制作、提供／林妙贞老师
完成尺寸：27cm×17cm×10cm

📷：Vincent　✏：Anjing　🎨：Celina

难
适合挑战创作的拼布者

➡ 内附原尺寸图
制作方法请参考P.97

拼布 鸟儿在唱歌

可爱的小鸟们，有各种颜色、造型，
做成超有特色的拼布吧！
你喜欢哪一种小鸟呢？

📷 : Akira　　✏ : Anjing　　🎨 : Celina

红巾啄木鸟手拿包

啄木鸟小姐：请你跟我说"啊"！
树先生："啊"！
啄木鸟小姐：哇！好多颗蛀牙。
树先生，请你记住早晚要常刷牙！

作品设计、制作、文字提供／郭铃音老师
完成尺寸：26cm×16cm×7cm

啄木鸟VS孔雀

作品欣赏

我的羽毛很美吧？
每天都要洗刷刷，
不要叫我小姐，
我是孔雀先生！

初学
有拼布基础的初学者

➜ 内附原尺寸图
制作方法请参考P.98

骄傲的孔雀剪刀套

作品指导／郭铃音老师　　制作／何淑美（新加坡）
作品尺寸：12cm×13cm

作品设计、制作、提供／Pany老师
完成尺寸：24cm×14cm×5cm

📷：Akira　✏️：Anjing　🎨：Celina

Point
加上布做的吊饰。

拇指姑娘
PART 1 女孩时尚的可爱版！

拇指姑娘时尚肩包

人见人爱的拇指姑娘，
在拼布做成的花海里旅行；
电影才会出现的浪漫情节，
是小王子的告白场景。

初学
有拼布基础的初学者

➡️ 内附原尺寸图
制作方法请参考P.99

拇指姑娘乡村旅行袋

乘着燕子的翅膀，
拇指姑娘来到乡村旅行，
才知道大家快乐的秘密，
原来是聚在一起做拼布！

作品设计、制作、提供／叶美华老师
图案设计／梁仲寰
完成尺寸：43cm×23cm×23cm

📷：Akira ✏️：Anjing 🎨：Celina

拇指姑娘
PART 2 男孩手绘的乡村版！

略难
适合拼布程度的中上者

➡ 内附原尺寸图
制作方法请参考P.100

注：本作品图案为作者儿子手绘设计的喔！

草地狂想猫头鹰口金包

午后的风轻吹着它的羽毛，
吟唱秋意浓的狂想，
青草地上的不是飞机，
是一只爱写诗的猫头鹰。

作品设计、制作、提供／谢美玉老师
完成尺寸：11cm×11cm

📷：Akira　✏：Anjing　🎨：Celina

猫头鹰系列　PART 1

Hoot!

作品欣赏

初学
有拼布基础的初学者

➜ 内附原尺寸图
制作方法请参考P.101

女孩与鸟的悄悄话

女孩在失眠的夜，
听着鸟儿写的歌数绵羊，
安心地进入梦乡。

作品尺寸：48cm×33cm

Hoot!

猫头鹰系列　**PART 2**

爱困猫头鹰肩背包

猫头鹰先生昨晚没睡好，
眼冒金星找不到上班的路，
出门总是这么迷迷糊糊，
飞行时要注意路况安全啊！

作品设计、制作、提供／苏惠芬老师
完成尺寸：19cm×25cm

📷：Akira　✏：Anjing　🎨：Celina

Point
背面的立体翅膀。

略难
适合拼布程度的中上者

➡ 内附原尺寸图
制作方法请参考P.102

作品
欣赏

We are Jeff Twins!

我们是猫头鹰界的双胞胎，
一个是小Jeff，一个是大Jeff，
猜猜谁是哥哥？谁是弟弟？

作品尺寸：15.5cm×14cm（口金包）
　　　　　10cm×12cm×4cm（弹簧夹包）

水果彩绘（第五回）

完成尺寸:19cm×33cm×9cm

水果彩绘玻璃挂袋

黄澄澄的蜜钻凤梨，
甜滋滋的牛奶柳丁，
把喜欢的水果，
全都放在挂袋里吧！

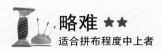

略难 ★★
适合拼布程度中上者

Food's Point:
利用彩绘玻璃手法，做出图案的轮廓及线条，
使作品的形象更加鲜明生动。

● 内附原尺寸图

■作品设计、制作、做法提供／台湾拼布网郭芷廷老师、赖淑君老师
■摄影／Akira　■文字／璟安　■美术设计／薄荷茶
■作法绘图／宇柔

水果彩绘玻璃壁饰

圆滚滚的西洋梨，
爱漂亮的红苹果，
红柿子和小柠檬，
四种水果调皮地凑在一起，
你看得出来谁是谁吗？

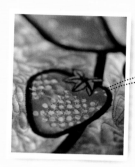

选我！选我！

作品尺寸:51.5cm×66cm

作者/赖淑君老师

材料

1~2号用布：各5cm×15cm
3~4号用布：各7cm×16cm
5~6号用布：各6cm×18cm
7号用布：12cm×22cm
8号用布：7cm×7cm
9号用布：8cm×25cm
10~15号用布：各5cm×8cm
16号用布：10cm×10cm
17~20号用布：各7cm×7cm
21~23号用布：各5cm×10cm
24号用布：10cm×10cm
25号用布：7cm×7cm

侧身表布(A布)：15cm×65cm
侧身里布＋前片里布＋后片表布＋
后片后背布(用同一块布，B布)：45cm
单胶铺棉：45cm×90cm
洋裁衬(或薄布衬亦可)：90cm
美国厚纸衬：45cm×50cm
透明或超薄型纸衬：30cm×30cm
超薄型奇异衬：30cm×45cm
漆皮出芽滚边：100cm
15mm鸡眼扣：2组
粗皮绳：60cm

做法

1.用布用复写纸将图稿复写至底布(超薄奇异衬、坯布、纸衬都可以)。
2.每一个编号的图都反向画在奇异衬上剪下，再烫到布料上，依次序将布块烫贴到底布上。
3.每片布的交界处可用密针绣车缝(如图黑粗线)，缝纫机设定原则上是宽度3.5(约3mm宽)、针密度0.3；或用3mm宽的彩绘玻璃专用边条烫上去，再以贴布缝针法贴缝即可。
4.缝好的正面表布、侧身表布、后片表布通通铺棉压线，就可先将出芽车在表布周围再接上侧身表布，在口部车上出芽，正面对正面车上里布，则可翻回正面。
5.再与后片接合，再正面对正面接上后片的后背布，最上面不车作为返口。
6.将硬胶板塞入，返口贴缝起来。
7.打上鸡眼扣，穿入皮绳当吊绳即完成。

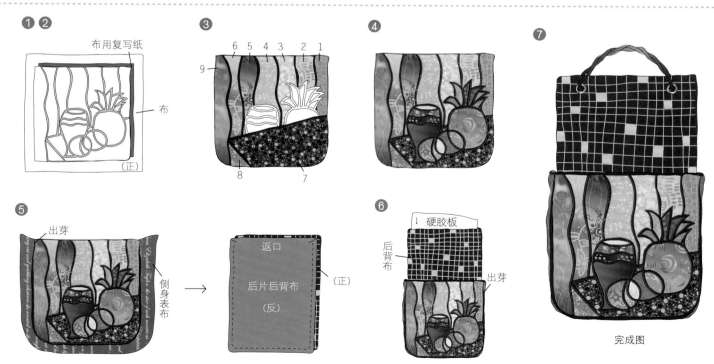

完成图

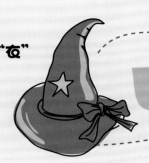

万圣节好好玩（第五回）

桃子女巫钥匙零钱包

戴上亲手做的女巫帽，
倚在窗前倒数万圣节，
桃子妹妹打算24点一到，
就要出门捣蛋并讨糖去！

Dress' Point:
迎接万圣节最常见的装扮就是"帽子"，贴布缝
图案加上一颗星形扣子，小女巫登场！

完成尺寸:12cm × 10.5cm

Back look!

■作品设计、制作、做法提供／Judy

■摄影／Akira　■文字／璟安　■做法绘图／宇柔

■美术设计／薄荷茶

 略难 ★★
适合拼布程度中上者

●内附原尺寸图

作品尺寸:25cm × 20.5cm × 9cm

桃子女巫斜背包

俏皮的桃子妹妹，
化身可爱女巫，
和南瓜先生玩捉迷藏，
骑着扫把就飞上天喽！

Side look!

材料

表布及配色布若干色
铺棉1块
里布1块
布衬1块
咖啡色绣线少许
造型扣3颗
15cm拉链1条
钥匙环1组

做法

1. 依纸型裁表布、里布、布衬(纸型已含缝份)。
2. 依图示贴布缝顺序，依序完成贴布。
3. 表布+铺棉+布衬三层压线，依图示完成回针绣
   (表情1股，其他为2股)；缝上造型扣。
4. 眼睛以黑色压克力颜料上色，并用白色压克力
   颜料点上亮点即可。
5. 完成表布压线；里布烫上布衬。
6. 表、里布反面对反面，疏缝后缝上0.7cm滚边。
7. 将钥匙环先套入步骤6(如果是活动式的，可完
   成后再置入即可)；缝上拉链。
8. 将步骤7正面对正面，以卷针缝将剩余部分缝
   合，翻回正面。
9. 可爱的桃子女巫钥匙零钱包就完成喽！

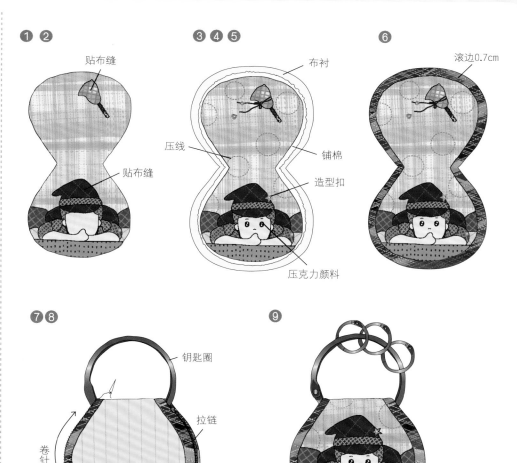

① ②

贴布缝

贴布缝

③ ④ ⑤

布衬

压线

铺棉

造型扣

压克力颜料

⑥

滚边0.7cm

⑦ ⑧

钥匙圈

拉链

卷针缝

⑨

完成图

太极之家（第五回）

作品尺寸:37cm × 47cm

舞太极

太极阳刚柔美并济，
手持舞扇即兴演出，
上山拜师精进功夫，
四海一家梅园练武。

House' Point:

机缝与手缝并用，自由曲线压缝展现气度，
将南投县信义乡梅园景色的风采与太极舞扇融
为一体。

■作品设计、制作、风景相片提供／乡村拼布教室张贵樱老师
● 内附原尺寸图
26　■摄影／Akira　■文字／璟安　■美术设计／薄荷茶

作品尺寸: 47cm × 37cm

武太极

在收放之间的律动，
享受身心灵的沉淀，
仿佛与大自然交融，
精武过招笑说太极。

英式背包客（第五回）

完成尺寸:39cm×30cm

英伦学院侧背包

经典的蓝绿格纹交错图案，
凸显鲜明的英式简约风格。
装饰上女孩最爱的蕾丝花样，
仿佛身在伦敦漫步仰望星光。

背后口袋设计。

初学 ★
有拼布基础的初学者

Shopping's Point:
背着轻便的背包和单反相机旅行，是每一个
背包客最乐此不疲的事情，用简易袋型做出
个人风格吧！

■作品设计、制作、做法提供／木棉坊拼布美学洪凤珠老师　■摄影／Akira
●内附原尺寸图
■做法绘图／月椿　■文字／璟安　■美术设计／薄荷茶

草莓地图后背包

我在大笨钟前听它唱歌，
读着莎士比亚的小说。
背起草莓地图后背包，
期待下一次的美好旅行。

作品尺寸:28cm × 17cm × 7cm

材料

表布45cm
里布45cm
铺棉45cm
背带105～115cm(依个人喜好)
蕾丝35cm
铆钉4组
磁扣（大）1组(口部)
磁扣（小）1组(口袋)
百代丽或布标1个

做法

1. A表布烫单胶棉2片，正面缝上蕾丝(半回针)，背面缝上口袋(藏针)。
2. 里布C与B平针缝合，底部留返口。
3. 表布2片正面对正面半回针缝，修棉再卷针缝处理。
4. 表布侧边缝上背带。
5. 表袋与里袋正面对正面口部半回针缝合(修棉再卷针缝处理)，底部留返口。
6. 翻至正面，口部缝上磁扣。
7. 侧面背带口部位置钉上铆钉(装饰与加强效果)。
8. 表面贴布缝上百代丽或布标装饰。
9. 完成。

背面口袋做法
1. 表布与里布正面对正面半回针缝合(下面留返口)，翻至正面(返口藏针缝合)，贴布缝在背面表布上。
2. 盖子与步骤1做法相同。

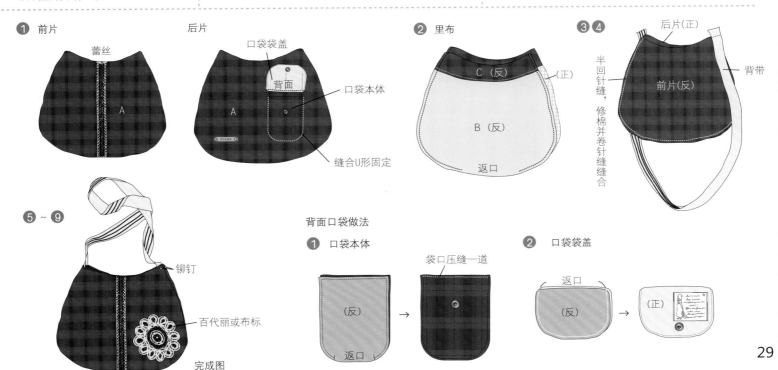

① 前片　　　　　　　后片

蕾丝

口袋袋盖
背面
口袋本体
A　　　　　　A
缝合U形固定

② 里布
C（反）　（正）
B（反）
返口

③④
后片(正)
半回针缝，修棉并卷针缝缝合
前片(反)
背带

⑤～⑨
铆钉
百代丽或布标
完成图

背面口袋做法
① 口袋本体
（反）　→　袋口压缝一道　（反）
返口

② 口袋袋盖
返口　（反）　→　（正）

NAUGHTY DAY
俏皮年代

Trick or Treat
糖果束口提袋

Trick or Treat?
热闹的万圣节，
我最期待的讨糖时刻来临了！
红色的包扣糖果格外可口讨喜，
袋口系上樱桃口味的蝴蝶结，
就是今年秋天最甜蜜的手作礼物。

 初学 ★
有拼布基础的初学者

■ 作品设计、制作、做法提供／阿Kat
■ 做法绘图／宇柔　■ 摄影／Akira
■ 文字／璟安　■ 美术设计／薄荷茶

● 内附原尺寸图
完成尺寸：17cm×12cm×17cm

我的蝴蝶结是樱桃口味的，
我的包扣是糖果做成的。
我的讨糖时刻，
也是甜蜜的手作时间。

材料

红色配色布10款，每款18cm×17cm
浅色底布55cm×25cm
束口袋用布44cm×32cm
袋底布25cm×25cm
里布55cm×30cm
滚边布110cm×4cm
铺棉55cm×30cm
棉绳140cm
吊耳用细织带10cm
直径3.5cm日本包扣20颗
直径2cm日本包扣4颗
提手1条
D形环2个

做法

1. 配色布裁剪拼接糖果图形共20组，圆形配色布包裹3.5cm包扣贴布缝合在图形中央，再拼接成袋身表布。

2. 袋身表布铺棉压线，预留1cm缝份修剪尺寸。袋底布铺棉压线裁剪半径10.5cm圆形（已含缝份），袋身与袋底接缝完成表布袋体。

3. 里布裁剪32cm×14cm两片，半径10.5cm圆形一片（以上皆含缝份），接缝完成里布袋体。

4. 束口袋布裁剪22cm×32cm两片，正面相对左右车缝起来，中央留4cm不车。如图所示缝份向两侧烫开，左右压固定线0.7cm，环状对折烫好，对折处2cm位置车一圈固定线。

5. 里袋放入表袋中，将袋口对齐固定，再将束口袋用布放置在袋口位置对齐，三层一起疏缝固定。

6. 吊耳织带裁剪5cm两条，分别对折挂上D形环，固定在袋口内侧两边，袋口滚边一圈收尾。

7. 棉绳裁剪70cm两条，从束口袋缺口左右重叠穿入，棉绳尾端2cm包扣相对夹缝起来，挂上提把即完成。

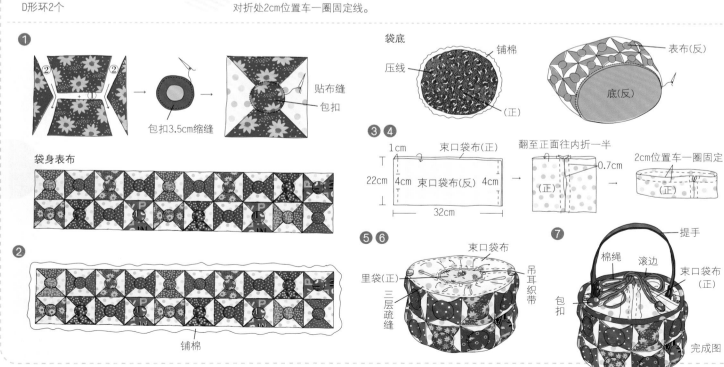

①
包扣3.5cm缩缝
贴布缝
包扣

②
袋身表布
铺棉

袋底
铺棉
压线
（正）
表布（反）
底（反）

③④
1cm
束口袋布（正）
22cm 4cm 束口袋布（反）4cm
32cm
翻至正面往内折一半
（正）
0.7cm
2cm位置车一圈固定
（正）

⑤⑥
束口袋布
里袋（正）
吊耳织带
三层疏缝
（正）

⑦
提手
棉绳
滚边
束口袋布（正）
包扣
完成图

※穿绳方法请参考P.57

完成尺寸约20cm×20cm×20cm

仲夏叶之恋提包

悠闲自在的南洋观叶植物，
在图案布上摇曳生姿，
就像是围着草裙的热带女郎，
正在邀请我们进入欢乐又可爱
的手作国度。

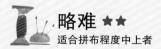

略难 ★★
适合拼布程度中上者

■作品设计、制作、做法提供／贝佳时尚布工坊詹智成老师　　■做法绘图／宇柔　　　●内附原尺寸图

■摄影／詹建华　　■文字／璟安　　■美术设计／薄荷茶

Bag design:

将侧边设计的扣子打开，容量立即加大，
袋型也不一样了！

特别经过巧思设计的袋型，
即使不拼接，也能利用压线技巧，
让布的图案变得更加立体呢！

材料

表布60cm
里布60cm
棉60cm
皮把手1组
皮片扣1个
磁扣2组
亮片
装饰珠

做法

1．取表布4片＋铺棉＋坯布压线。
2．取里布4片。
3．将表布4片、里布4片分别车合，里布留返口。
4．将完成的表袋和里袋正面对正面套合，将袋口车合。
5．将里布袋口处露出约0.5cm，做成仿滚边效果。
6．表布的四周接合处缝上装饰珠子，让包形更利落。
7．包包两侧缝上磁扣、皮把手、皮片扣即完成。

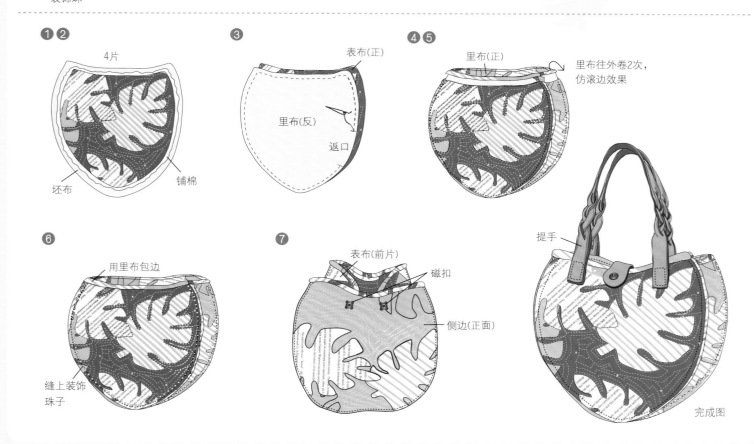

❶❷
4片
坯布　铺棉

❸
表布(正)
里布(反)
返口

❹❺
里布(正)
里布往外卷2次，
仿滚边效果

❻
用里布包边
缝上装饰珠子

❼
表布(前片)
磁扣
侧边(正面)

提手

完成图

33

小布块教学大公开

可爱又实用的迷你小物

迷你马卡龙吊饰零钱包

小布块除了制作包扣、YOYO球等，还可以做成什么呢？

一起来DIY，做个迷你马卡龙吊饰零钱包吧！

挂在手机上，可方便临时用钱喔！

教学示范／Color Cotton工作室　情境摄影／詹建华　教学摄影／J.J.　文字／Magi　美术设计／Celina

1. 表布：布裁直径5.7cm 2片，铺棉裁直径3.5cm 2片。
里布：布裁直径5.7cm 2片，铺棉裁直径3.2cm 2片。

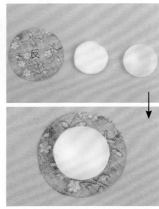

2. 表布的反面朝上＋铺棉＋包扣。

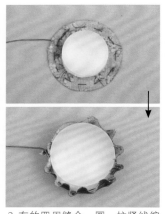

3. 布的四周缝合一圈，拉紧线缩缝。

完成尺寸：直径3.5cm

材料
表布、里布 (6cm×6cm)、铺棉，
直径3.5cm 包扣 2 颗、10cm 拉链，
手机用吊绳

34

4. 完成(另一片表布相同方法完成)。

8. 如图将拉链对折,正面相对,接近拉链头处缝合一道让拉链呈现环状。

13. 另一边也缝合完成,拉开拉链。

正面图。

9. 将拉链翻至正面。

14. 翻至背面,○记号处的拉链尾端往包扣的中心处折入。

5. 里布的反面朝上+铺棉+直径3.2cm塑胶片。

6. 布的四周缝合一圈,拉紧线缩缝,完成(另一片里布相同方法完成)。

10. 拉链两侧如图缩缝。

15. 将步骤6的里布一片放上,藏针缝合。

11. 步骤4完成的表布一片藏针缝合于拉链一侧。

16. 另一片拉链尾端也往包扣的中心处折入,再将另一片里布缝合固定。

7. 拉链的开口处先用线缝合固定。

12. 完成。

17. 钩上手机用吊绳即完成。

小技巧

若找不到10cm的拉链时,怎么办呢?

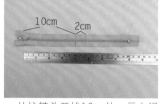

a. 从拉链头开始10cm处,画上记号,再延长2cm处也画上记号(此方法仅适用拉链齿为塑胶制的拉链)。

b. 用锯齿剪刀于第二次画上的2cm记号处剪掉即可。
※使用锯齿剪刀可使拉链尾端的布不易脱线。

c. 在缝合步骤14时,需如图用手将拉链尾端的齿拉开喔!

做成小蝴蝶结也很可爱哟!

蘑菇精灵娃娃眼镜包

女孩的告白

嗯……
有句话藏在心里好久了，
其实我……好想跟你说……
我喜欢……祝你生日快乐！

完成尺寸：8.5cm×11cm　　□内附原尺寸图　　制作方法请参考P.103

作品设计、制作、提供／Shinnie　摄影／Akira　文字／璟安　美术设计／Celina

人气作者回娘家　　　　　　　*Book Collections* 著作收藏区

H0009

Shinnie 的
手作兔乐园

出版日期：
2011 年 5 月

Shinnie　著

🐢 首翊 & 手艺

H0001

Shinnie 的
布童话

出版日期：
2009 年 1 月

Shinnie　著

🐢 首翊 & 手艺

* 这两本书的中文简体版已由河南科学技术出版社出版。

牛奶厨娃随身小包

牛奶厨娃和粘粘兔，
搬来了超大苹果还有胡萝卜，
准备烤个香喷喷的水果蛋糕，
要祝福《巧手易》生日快乐！

完成尺寸：17cm×11cm
内附原尺寸图　制作方法请参考P.104

作品设计、制作、提供／苏玲满老师　摄影／萧维刚
文字／璟安　美术设计／Celina

*本书中文简体版已
由河南科学技术出
版社出版。

人气作者回娘家　Book Collections 著作收藏区

H0007

好可爱拼布
厨娃·阿粘熊·粘粘兔

出版日期：
2010 年 12 月

苏玲满 著

人气作者回娘家
Star.
3

风华绝袋 悠游机缝拼布

细致的缎带绣，
绣出一朵朵栩栩如生的玫瑰枝芽。

瓶中花 · 缎带绣框物

阳光洒进落地窗，
枝芽奋力向上伸展，
绽放婀娜的花朵姿态，
也散出满室迷人的芬芳。

完成尺寸：36cm × 47.5cm(含框)

作品设计、制作、示范／陈宝华老师　情境摄影／萧维刚　教学摄影／Milk
文字／Brownie　美术设计／Celina

大玫瑰绣法

※支架部分请用5番绣线，
　花瓣部分请用1.3cm段染缎带。

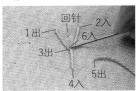

1. 先做一个回针缝，再依图示顺序刺绣（3出时需将线勾至中心再4入）。

4. 段染缎带穿入刺绣针由中心出针，逆时针沿着支架用针孔头以一上一下的方式刺绣，边刺绣边翻转缎带，创造出生动的花瓣。

2. 最后一针往中心穿入。

5. 绣至看不到基架为止，最外围花瓣不需翻转，让花形轮廓更圆润自然。将线头往背部收针，与底线一起打结。

3. 将线头收于背部与底线一起打结，即完成基架部分（基架的轮状线通常为奇数）。

6. 完成图。

人气作者回娘家

Book Collections 著作收藏区

H0003

风华绝袋
悠游机缝拼布

出版日期：
2010 年 8 月

陈宝华　著

首翊&手艺

＊本书中文简体版已由河南科学技术出版社出版。

灿阳花海笔记本套 & 名片套

作品设计、制作、提供／Yimei 摄影／詹建华 文字／璟安 美术设计／Celina

灿烂的阳光洒在海平面上，带着愉快心情航行的我，忍不住被花的香气吸引，于是决定用拼布写下，这美丽而又仿佛虚幻的真实。

完成尺寸：12cm×15cm
制作方法请参考P.105

同款的名片套，
让我收藏旅行中
遇见的所有美好过客。

完成尺寸：7cm×10cm
制作方法请参考P.101

人气作者回娘家 **Book Collections** 著作收藏区

H0004

"非"玩不可
我的机缝拼布旅行簿

出版日期：
2010年11月

Yimei 著

👜首翊&手艺

＊本书中文简体版已由河南科学技术出版社出版。

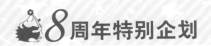
可爱动物区：Bear、Pig、Rabbit
小熊&小猪&小兔子零钱包

作品设计、制作、提供／张慧玲老师　摄影／萧维刚　文字／璟安　美术设计／Celina

可爱动物区是一个家庭，
有爱煮饭的小熊贝尔，
有爱跳舞的兔子瑞比，
还有一只爱吃饭的小猪皮葛！

熊：
BEAR= 贝尔

猪：
PIG= 皮葛

兔：
RABBIT= 瑞比

完成尺寸：14.5cm×8cm×3.5cm
内附原尺寸图
小熊零钱包制作方法请参考P.106

人气作者回娘家

Book Collections 著作收藏区

H0005

拼布创意
MY布玩

出版日期：
2010 年 10 月

张慧玲　著

首翔&手艺

＊本书中文简体版已由河南科学技术出版社出版。

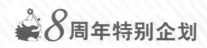
魅力四射漆皮肩包

作品设计、制作、提供／张韵老师　摄影／Akira　文字／璟安　美术设计／Celina

手作包的魅力哲学：
将光线打在身上，
映射出来的每一面，
都是完美比例。
这就是漆皮时尚。

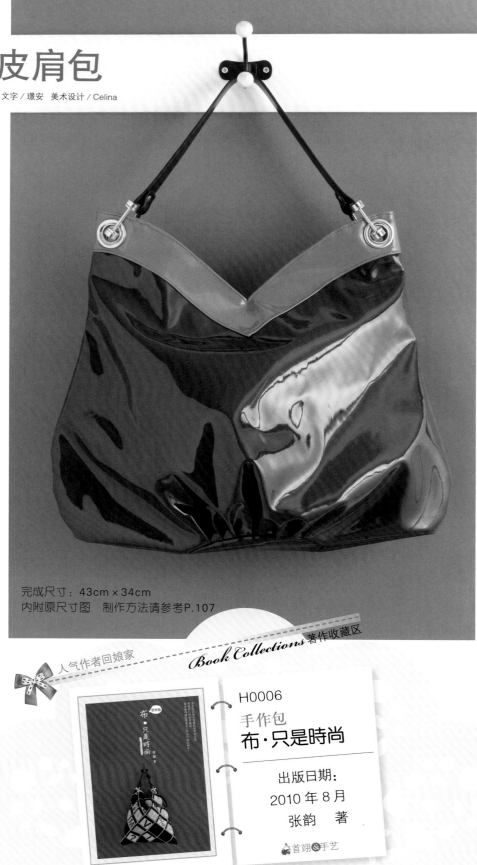

完成尺寸：43cm×34cm
内附原尺寸图　制作方法请参考P.107

花火残像

使用拼接布条方式
制作出缤纷的画面，
就像是夜空中
冉冉升起的烟火坠落，
留下美好的浪漫记忆。

人气作者回娘家

Book Collections 著作收藏区

H0006
手作包
布·只是時尚

出版日期：
2010 年 8 月

张韵 著

首翊&手艺

＊本书中文简体版已由河南科学技术出版社出版。

人气作者回娘家 Star. 7

纸艺拼贴乐手学

作品欣赏

针心玫瑰情 · 木制线架

指间的针线来回穿梭，
穿梭于缎料的暖橘色光辉，
辉映出夺目的七彩光芒，
幻化成一袭华美绚丽的衣裳。

一片一片的层层叠叠，
拼贴出童趣又缤纷的想象，
也收藏一些儿时的欢笑和泪水。

作品尺寸：33.5cm × 55cm × 22cm

作品设计、制作、提供 / 林伶秋老师　摄影 / 詹建华　文字 / Brownie　美术设计 / Celina

花的游乐园 · 饰物盒

作品尺寸：16.5cm × 20cm × 15.5cm

Tip
利用有轮&隆德15周年的纪
念布品图案创作，让拼贴的材
质选择更加多玩多变。

人气作者回娘家

Book Collections 著作收藏区

H0010
Decoupage
纸艺拼贴乐手学

出版日期：
2011年3月

林伶秋　著

首翊&手艺

人气作者回娘家
Star.
8&9

手心里的袖珍甜点 VS. 笑刻刻

刻章版迷你手工书

郭桃甄老师的超可爱迷你书，
有捧在手心的甜蜜感；
搭配橡皮章达人林桉娴的Q版图案，
就是手工与创意的绝妙组合。

作品设计、制作、示范／郭桃甄老师
教学、作品摄影／马达、Mo
情境文字／璟安
情境摄影／詹建华
美术设计／Celina
做法文字／Magi
橡皮刻章提供／林桉娴

完成尺寸：6cm×8cm（小书）
2cm×3cm（迷你书）

材料
白胶、双面胶带、裁垫、素麻布、点点布、铁尺、美工刀、牛皮纸（厚、薄）、拇指印台、橡皮印章、缎带

HOW TO MAKE

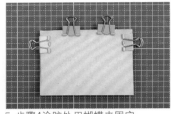

5. 步骤4涂胶处用蝴蝶夹固定。

8. 如图往左、右侧折下。

制作迷你书的内页

1. 薄的牛皮纸裁出12cm×8cm共12张，每一张如图对折成6cm×8cm。

3. 铁尺置放于对折处的另一侧，用美工刀裁齐。

※蝴蝶夹要夹紧，固定时需如图留空隙不要碰到白胶。

9. 布裁15.5cm×11.3cm，背面使用喷胶或双面胶带如图贴满。

2. 12张全部对折好对齐之后，用蝴蝶夹固定上、下侧。
※对折处需置于同一侧。

4. 将白胶均匀涂于对折处。

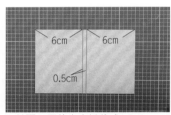

6. 封面用厚的牛皮纸裁成12.5cm×8.3cm，中间0.5cm处画两道记号线（0.5cm为书脊厚度，可依个人的内页厚度自由调整，厚的牛皮纸可利用面纸盒剩下的纸板）。

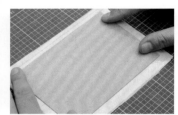

10. 撕下双面胶带保护贴，再将步骤8的纸贴上。

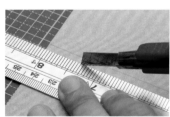

7. 于0.5cm的记号处，用美工刀轻轻各划一道。

11. 布的四边如图距离0.2cm处斜剪。

H0011
笑刻刻
橡皮刻章达人的创意手作书
出版日期：
2011年5月
林桉娴 著
首翊&手艺

44

12. 四周多余的布往中心贴。

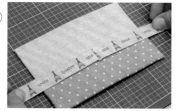

13. 翻至正面，用双面胶带贴上缎带（缎带左、右侧需多2cm，多出的部分也往背后贴上）。

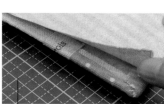

14. 另裁2片布，尺寸5.8cm×8.2cm。

15. 步骤14的2片布反面四周贴上双面胶带，再贴于步骤13的背面上。

作品尺寸：2cm×2.8cm
《手心里的袖珍甜点》
※你也可以将喜爱的书或图片扫瞄至电脑内，再缩图制作成专属自己的迷你手工书喔！

正面完成图。

16. 步骤5的内页涂白胶干燥后，确定每张纸都黏合固定。

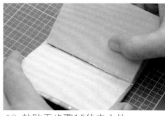

17. 再次涂上白胶。

18. 粘贴于步骤15的中心处。

19. 如图对折用蝴蝶夹固定，等其黏合。

20. 最后盖上橡皮刻章。

21. 迷你书完成。

若要加上钥匙链条，请于步骤15要贴封面里布时一起制作。
裁宽4cm长5cm的布，反面贴上双面胶带，对折粘贴成宽1cm长5cm，再放入钥匙链条后，布对折成宽1cm长2.5cm，粘贴于封面的背面中心侧处。

人气作者回娘家　Book Collections 著作收藏区

H0013
手心里的
袖珍甜点
出版日期：
2011年7月
郭桃甄　著

首翊&手艺

45

* 本书中文简体版即将由河南科学技术出版社出版，敬请期待。

巧手易读者最爱

票选NO.1作品大集合！

人气Talk
票选 NO.1 作品大集合

情境摄影 / 《巧手易》型男摄影师群
文字 / Anjing　美术设计 / Maddy

《巧手易》杂志迈入第8个年头了！读者们的回函总是编辑部的心灵支柱，每次都会有可爱的读者来信要求编辑向老师们索取做法，所以从2008年出版的NO.28开始，我们增加了"读者票选NO.1最想要的做法大公开！"单元，受到大家热烈的支持及好评，至今已经票选出18件作品，还记得哪些作品有你宝贵的一票支持吗？跟着小编一起来回顾吧！

NO.32
珍珠花色优雅提包
设计者 / 黄秋英老师
人气评选NO.1 Point：
表露无遗的拼布气质美学。

NO.35
初冬瑞雪侧背包
设计者 / 林兰老师
人气评选NO.1 Point：
具有节庆气氛的温馨作品。

NO.33
微笑酢浆先染提包
设计者 / 洪凤珠老师
人气评选NO.1 Point：
可以随身携带的先染魅力。

NO.30
日光秋藤小巧提包
设计者 / 林兰老师
人气评选NO.1 Point：
轻巧可爱的先染小提包。

NO.28
秋意紫瓣皱褶包
设计者 / 郭桂枝老师
人气评选NO.1 Point：
高贵大方的经典包款。

NO.34
日光秋藤小巧提包
设计者 / 林兰老师
人气评选NO.1 Point：
轻巧可爱的先染小提包。

NO.31
圆点丝巾牛牛钥匙包
设计者 / 张慧玲老师
人气评选NO.1 Point：
封面达人的创意吉祥物拼布。

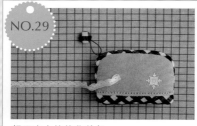

NO.29
轻巧克力格纹化妆包
设计者 / 黄秋英老师
人气评选NO.1 Point：
依然保持流行的格纹时尚。

NO.44

珍珠名媛口金提袋
设计者／黛西老师
人气评选NO.1 Point：
口金隔层与提袋的完美结合。

NO.42

彩色风车古典口金
设计者／蔡梅珍老师
人气评选NO.1 Point：
拥有典雅风情的先染口金包。

NO.39

Sha la la七朵花提袋
设计者／林兰老师
人气评选NO.1 Point：
讨喜又吸睛的缤纷郁金香包。

NO.36

福气虎枕
设计者／李琼惠老师
人气评选NO.1 Point：
迎接中国新年讨个好吉利的幸运物。

NO.45

冰淇淋保温(冷)袋
设计者／赖淑君老师
人气评选NO.1 Point：
让人眼睛为之一亮的洋红色拼布包。

NO.43

率性风车马蹄形背包
设计者／蔡梅珍老师
人气评选NO.1 Point：
延续先染话题的人气代表作。

NO.40

百合花的情人节
设计者／陈宝华老师
人气评选NO.1 Point：
为人带来幸福感的百合花提袋。

NO.37

紫色迷思化妆包
设计者／黄秋英老师
人气评选NO.1 Point：
为浪漫度加分的铃兰造型刺绣。

因为有您的支持和鼓励，
手作家们才能有源源不断的创作动力和
信心，《巧手易》杂志秉持着专业的角度继续
向前迈进，希望带给大家最优质的内容，
在我们的心目中，每一件作品都是
"叫你第一名"
啦！

闪亮的圣诞节
设计者／黛西老师
人气评选NO.1 Point：
圣诞节最爱的欢乐大壁饰。

NO.41

NO.38

河豚零钱包
设计者／黛西老师
人气评选NO.1 Point：
可爱度100%的造型实用零钱包。

人气作者回娘家

Book Collections 著作收藏区

H0008

巧手易 **7** 年
精选拼布作品集

出版日期：
2011年1月

首翊❀手艺

*本书中文简体版已由河南科学技术出版社出版。

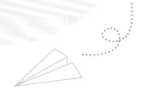

C'est La Vie·壁饰小品

■ 作品设计、制作、提供／隆德贸易有限公司 许爱敏老师（壁饰）颜淑媛老师（亮紫提包）苏怡绫老师（嫩黄提包）
■ 摄影／C.CH ■ 文字／Brownie ■ 美术设计／Celina

制作方法请参考P.108

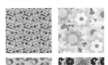
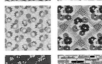

随意拼接充满惊喜的新印象。
飘散着怀旧复古气息的布料，

宅在家里做家事，
煮一桌的意式料理，
或是骑着单车上市场，
Oh，C'est La Vie！

完成尺寸：83cm×85cm

蒙布朗女孩
嫩黄提包

完成尺寸：约35cm×26cm×8cm
■ 内附原尺寸图
■ 制作方法请参考P.108

蒙布朗的栗子香气，
醇厚的红酒洋梨塔，
配上一壶玫瑰醋栗茶，
这是属于母女之间的甜点约会…

内部的口金隔层，
贵重物品不外露
的贴心设计。

作品欣赏
玫瑰女人香
亮紫提包

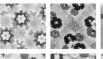
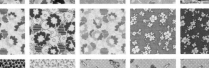

作品尺寸：约36cm×21.5cm×14.5cm

环·游·布·世·界

✈ Travel 5 **America** 美国

没有飞机也能环游世界，
跟着作品一起去旅行！

■指导老师／彩艺拼布中心许淑丽老师　■文字及作品设计、制作、提供／陈霈涵
■摄影／J.J　■撰文整理／Brownie　■美术设计／薄荷茶

 美国梦

···· **作品尺寸：80cm×60cm** ····

　　儿时，在我小小的心灵存在着一个梦想：总期待将来长大有朝一日能登上自由女神像。然而当我攀登上女神冠冕部分，再透过头顶的小窗俯瞰纽约市全景，实现这个梦想时，我已是为人妻、为人母了。

　　自由女神像是法国在1876年赠送美国独立100周年纪念的礼物，落成时是世界最高的纪念性建筑，也成为美国的象征。她巍巍矗立在纽约港上的自由岛，气宇轩昂、神态刚毅，给人一种凛然不可冒犯的感觉，而其端庄丰盈的体态又似古希腊女神，让人感到亲切、自然。

　　今年适逢辛亥革命一百周年，因此美国篇拼布创作主题我当然选择"自由女神"。

设计缘由

CANADA

New York

UNITED STATES

MEXICO

环·游·布·世·界

Travel 5 **America** 美国

没有飞机也能环游世界，
跟着作品一起去旅行！

■文字及作品提供、设计、制作／快乐屋张碧恩老师
■摄影／詹建华　■美术设计／薄荷茶

走进美国

设计缘由

"美国"这个国家太有名了，不管多偏远、多落后的地方，人们都知道这个国家。要做有关美国的特色拼布，有太多的联想与故事，例如：樱桃树与华盛顿、南瓜与巫婆、印第安人与西部牛仔、南北战争……我这次选代表美国的国旗当主题，加上纽约的大苹果、山姆大叔、夏威夷来完成这幅拼布作品——让我们一起进入美国的大门。

•••• 作品尺寸：125cm×127cm ••••

100 + 羊毛毡 = Taiwan 100 Wool Felt

许多手作人在闲暇之余喜欢玩的羊毛毡，是这次单元的创作主题，
无论是水洗羊毛毡或是针戳羊毛毡，羊毛温柔的质感，为拼布人的手作生活，
更添优雅的幸福手感。本期特别邀请八色屋拼布教室的师生，制作庆贺辛亥革命的作品，
他们以"100"造型图样的缝纫工具为题，做出6幅精彩的小壁饰，
拼合起来成为一个台湾造型的大壁饰，希望表达出居住在台湾的手作人心意，创意百分百！

将不同元素与拼布结合成30cm小壁饰，庆祝100年的幸福百分百！

拼布百分百

手作宝岛

先将原创的设计构图完成，再把大图切割成6个区块，让6个30cm×30cm的小壁饰，可以完美结合成台湾岛形状的大壁饰，用机缝、手缝、刺绣、水洗羊毛毡、针戳羊毛毡、网布等技巧和素材，以缝纫工具的拼布图像创意，表现出手作人的情意。

■作品设计、制作、提供／陈慧如老师
■协力制作／Little Jane、Grace、Lily、Abby、Sakura、Kelly
■摄影／詹建华　■文字／璟安　■美术设计／Celina

复古钥匙＋杂货鸟笼＋羊毛毡口金包＝100

口金包是用水洗羊毛毡方式完成，缝上一朵羊毛毡制作的小花，增加可爱度。机缝的自由曲线，纱网布是拼布专用尺，缝纫工具们集合啰！

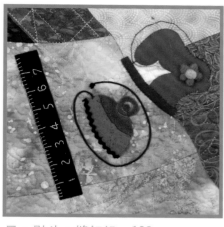

尺＋熨斗＋缝纫机＝100

拼布人必备的尺、熨斗及缝纫机，利用不织布和羊毛毡做成可爱的造型。尺的刻度、数字是用刺绣完成，背景还有金葱压线，让整个作品画面的气氛更加温馨热闹。

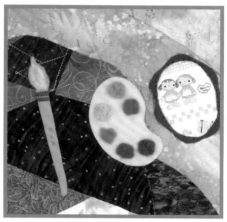

彩绘笔＋颜料＋调色盘＝100

用不织布、针戳羊毛毡、图案布等做成可爱的创意造型数字，喜欢拼布的手作迷们，也将彩绘元素纳入创作的一环，缝累了，就画画吧！

100th
Happy Birthday !

剪刀套＋手作包＋针插＝100

你注意到针插上的小珠针是用刺绣技巧完成的吗？迷你手作包上的小樱桃是用针戳羊毛毡完成，各式手作素材都可以混搭，拼布真好玩！

裁布轮刀＋卷尺＋线卷＝100

细致的刺绣做出的布用卷尺，羊毛毡做成的线卷上还留着没用完的余线，造型逼真的裁布轮刀，让人会心一笑，这是属于手作人的生日嘉年华。

人台＋扣子＋手作帽＝100

模特儿造型人台、大大小小的造型扣子、羊毛小花儿手作帽，3种手作人爱不释手的拼布素材，让画面更加热闹有趣。

美丽心晴随身包

午后独坐的咖啡时刻，
偶尔让自己的思绪沉淀，
怀抱美丽心晴，
向着阳光的未来前进吧！

示范教学／陈慧如老师
情境摄影／詹建华　教学摄影／J.J
文字／璟安　美术设计／Maddy

刺绣与羊毛毡的创意结合，
让图案变得更加可爱了！

★ 制作方法请参考 P.110

· 内附原尺寸图
· 完成尺寸：约19.5cm X 12cm X 10cm

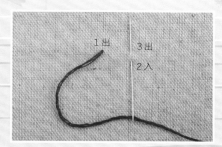

a.1出→2入→3出。

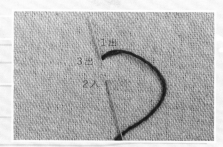

a.1出→2入→3再从1出来。

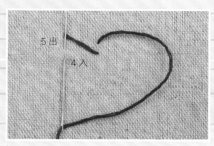

b.4入→5出。

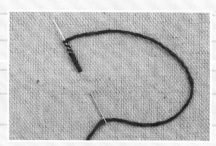

b.直接于针上轻轻绕线，绕线的长度比2～3的距离长一点即可。

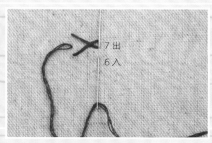

c.6入→7出（7出在原2入的位置）。

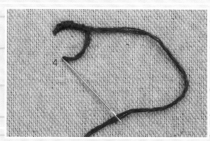

c.针一边转一边拔针，再由4下针轻轻拉，调整松紧度。

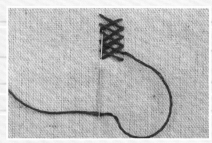

d.重复步骤a～c完成。

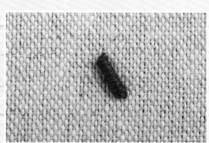

d.完成。

示范图：间距较短的封闭型人字绣。

示范图：中间较短，愈往外围长度会愈长的卷线玫瑰绣。

将提把换个方向使用，
置物篮变身外出提袋！

编织置物篮·提袋两用包

在布与布的穿梭之间，
编织出家居的收纳幸福，
漂亮的置物篮同时也是外出提袋，
两用都相宜。

作品设计、制作、示范教学／林彦君老师
情境摄影／詹建华　教学摄影／J.J
文字／璟安　美术设计／Maddy

· 制作方法请参考P.111
· 完成尺寸：约17cm×20cm×20cm

侧边压线后塞入棉花，制造出立体的布曲线，真是超可爱的设计点子！

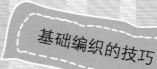

基础编织的技巧

1. 裁布4cm×25cm用滚边器烫好。红色布15条，蓝色布18条。
※若无滚边器，可将布边上、下往中心对折。

2. 再对折，如图车缝一道，完成编织条。

中心线

3. 将厚布衬置于保丽龙泡沫板上方，画出16cm×20cm的四方形，四周留2cm的缝份，取中心线后画出四等分线，一边用珠针固定，一边将编织条从中心点开始如图排列。
※画线时请画在布衬的有胶面，排列时车缝线请留在同一侧。

4. 排列完成如图。

5. 再将蓝色编织条横向编织。请从中心点开始，以一上一下的方式编织，一边编织，一边用锥子调整，使编织密合。

6. 编织完成如图。

7. 将完成的编织布取下，用熨斗整烫使厚布衬黏合，再以大针脚沿着四周车缝一圈使其固定，留1cm缝份裁下，加上铺棉、后背布后一起滚边处理，备用。
※学会了基础编织的技巧，可自由运用设计自己专属的作品哦！

圣诞星光保温袋

■示范教学／隆德贸易有限公司 苏怡绫老师
■情境摄影／Akira ■教学摄影／Milk
■情境文字／璟安 做法文字／Nanami
■美术设计／Celina

迎接 12 月即将来到的圣诞时光，
提早制作拥有节庆气息的袋子吧！
搭配日本现在最流行的保温片，
可将用心准备的食物放在里头，
是外出拜访好友时的最佳小帮手！

完成尺寸：约40cm×28cm×12cm

BERNINA B380

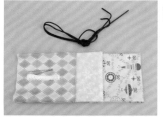

 **材料**

以下尺寸皆已含缝份1cm：表布 32cm×20cm 2 片
束口袋布 32cm×18cm 2 片、底布 32cm×18cm 1 片
穿绳器、皮绳80cm 2 条、蕾丝宽 1.5cm×32cm
皮革提把38cm 1 组、单面接着铺棉、坯布 32cm×54cm

可乐牌保温片 32cm×54cm 1 片。
※ 另有蓝色、白色、棕色、银色。

How to make

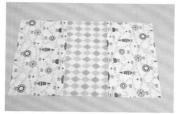

1. 表布 2 片＋底布，如图拼接成一整片。

6. 束口袋布的袋口处各折 2 次 1cm 缝合固定，2 片束口袋布的正面相对缝合左、右侧固定（袋口处 7cm 处不缝合）。

11. 裁斜纹滚边布：宽 4.5cm×长约 64cm，与表袋的正面相对如图缝合一圈固定。

皮绳穿入方向

14. 另一侧也穿入皮绳。

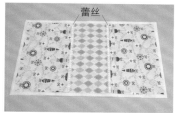

蕾丝

2. 拼接处再缝上蕾丝，后面如图烫上单面接着铺棉与坯布，一起压线完成。

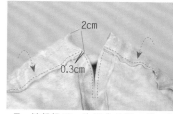

2cm
0.3cm

7. 缝份烫开，先缝合 U 形，袋口处再往下折 2cm，于 0.3cm 处缝合固定。

12. 斜纹滚边布的未缝合侧折入缝份 1cm，包住袋口固定于袋子的内侧，手缝或车缝一圈固定。

15. 缝上皮革提把即完成。

3. 步骤 2 对折（布的正面相对），缝合左、右两侧。

8. 翻至正面图。

13. 用穿绳器穿入皮绳一条。

成品俯视图。

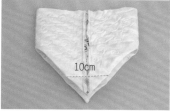

10cm

4. 烫开缝份，对齐刚刚的缝合线，下方 10cm 处车缝当袋底，另一侧也相同方法缝合。

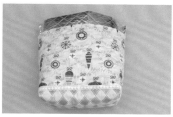

9. 步骤 5 的保温片翻至反面，套入表袋内。

完成的正面图

5. 保温片同步骤 3，对折（正面相对，尺寸为 32cm×27cm），缝合左、右两侧，再同步骤 4 缝合袋底 10cm。

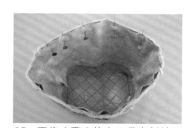

10. 再将步骤 8 的束口袋布倒放置入，对齐袋口处并用珠针固定，缝合一圈。

红色系列的点点曲线布组，
也很有圣诞节的缤纷感觉！

59

小可爱女孩连身小洋装

■示范教学／隆德贸易有限公司 林佳雯小姐
■情境摄影／Akira　■教学摄影／Milk　■情境文字／璟安　■做法文字／Nanami
■美术设计／Celina　■内附原尺寸图

吸睛度 100% 的金黄色花朵，
在女孩的小洋装上摇摇摆摆，
搭配不规则排列的圆点点布，
为今年秋天注入一股清新感。

材料

主布 90cm、口袋及领子用布 60cm、
薄衬 60cm、扣子 4 颗、松紧带
宽 1cm 长 30cm

完成尺寸：横36cm×52cm

How To Make

●单位：cm　●尺寸适合身高 110cm 的小女孩
○数字为裁布时所需外加缝份　★处需拷克

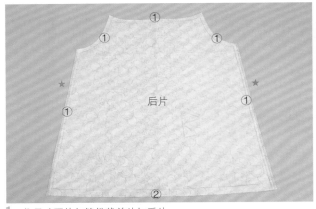

后片

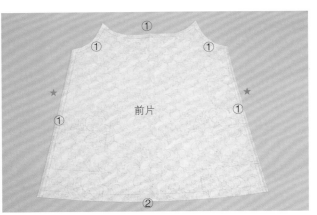

前片

1. 依尺寸图外加缝份裁前片与后片。

60

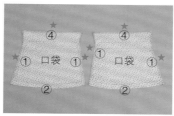

2. 口袋外加缝份裁 2 片。

7. 步骤 6 完成后将 12cm 松紧带穿入。

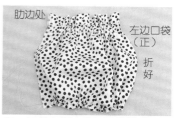

11. 口袋内侧边折好再抽褶成 12cm 宽（右边口袋折好内侧缝份处才抽皱）。

16. 将步骤 14 的袖笼斜布条放入袖子的位置（布的正面相对），再车缝固定。

3. 前、后领子各 2 片（已含缝份），其中各 1 片需烫衬（衬不含缝份）。

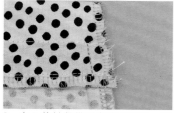

8. 穿入的松紧带对齐右侧布边，车缝固定。

12. 将步骤 11 的口袋车缝固定于前片上左、右侧。

17. 修剪多余的布条。

4. 下摆布条长 82cm× 宽 7cm（已含缝份）2 条，其中 1 条需烫衬（衬不含缝份）。

9. 穿出松紧带，一样侧边缝合固定（另一片口袋相同方法完成）。

13. 袖笼斜布条长 45cm× 宽 3cm（已含缝份）2 条。

18. 缝合处也将多余的布条剪掉（修剪成 0.7cm 缝份）。

口袋

5. 口袋上方往下折 4cm。

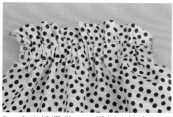

9. 穿出松紧带，一样侧边缝合固定（另一片口袋相同方法完成）。

14. 如图上、下往中心线折 0.7cm。

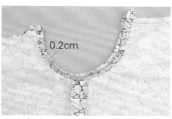

19. 斜布条包至布的反面处，缝合固定。另一侧相同方法完成。

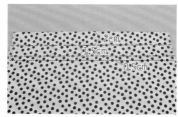

6. 口袋翻至正面，如图 2cm 与 1.5cm 处车缝固定。

10. 口袋下方将针距放到最大，车缝一道线（需车缝于缝份内）。

15. 前片与后片的正面相对，缝合左、右肋边，并将缝份烫开。

20. 前片的领口处，大针缝合抽褶成 12cm，后片的领口处，则大针缝合抽褶成 14cm。

21. 领子的表布反面有烫衬，2片布正面相对用珠针固定。

25. 前、后片领子反面有烫衬的布与前、后片的正面相对，由中心往两侧用珠针固定。

29. 裙摆下方大针缝合并抽褶。

32. 再将未缝合的下摆布条包至裙摆的反面并折好，再缝合一圈固定，完成小洋装。

22. 缝份记号下方0.2cm处缝合，弧度处剪牙口。

26. 缝合后分别将领子的正面相对，用珠针固定准备缝合下方的左、右部分。

30. 将步骤28的下摆布条套入裙摆处，裙摆抽褶的宽度调整至与下摆布条一样宽（布的正面相对）。

33. 开扣眼（请依个人缝纫机所附的开扣眼压布脚使用操作）。若不开扣眼可以用暗扣缝合代替。

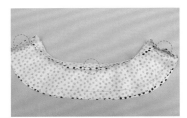

23. 将缝份如图烫好。

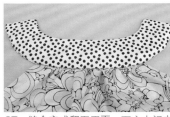

27. 缝合完成翻至正面，下方中间未缝合处将缝份折好再压缝一道。

31. 缝合一圈。

34. 在领子左、右两侧缝上4颗扣子即完成。

24. 翻至领子的正面（前片领子相同方法完成）。

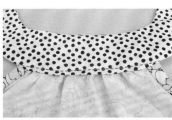

反面图。

28. 步骤4的下摆布条如图先接成圈状，再烫开缝份。

使用小猫咪系列布组完成的同款小洋装，更多了些小女孩俏皮可爱的童趣感。

先染布也能走可爱风？
利用深浅颜色的拼接，
再缝上一个淘气迷你蝴蝶结，
另一种口金包风格就此诞生！

8cm 名媛系口金 II
小淘气 先染口金包

材料
8cm 口金、表布下片拼接布条
10cm×3cm 8 条（2 组）
表布上片 5cm×13cm 2 片
里布 14cm×28cm 1 片、铺棉
装饰用小蝴蝶结、皮革针
皮革线、返里钳

完成尺寸：约10cm×10cm

■ 示范教学 / 陈玉金老师
■ 情境摄影 / 詹建华　■ 教学摄影 / J.J　■ 文字 / Anmino
■ 美术设计 / Celina　■ 内附原尺寸图

学会3种表布拼接的压线方法，自由运用吧！

① 达人的表布拼接法
手缝压线

a. 准备拼接布条8色为1组，共需2组。

b. 第1片与第2片正面对正面车缝，往右翻。

c. 再与第3片正面对正面车缝，往右翻。以此类推完成表布下片。

d. 裁表布上片5cm×13cm，与表布下片正面对正面车缝后，后方放铺棉。

e. 先将纸型（含缝份）画于表布的正面。

f. 手缝压线制造出布条的立体感。

② 达人的表布拼接法
机缝翻车不压线

a. 先在铺棉上面画好纸型。

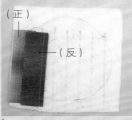

b. 直接将裁好的布条与铺棉一起车缝。
注意：铺棉、车缝、压线请使用均匀送布齿。

c. 车缝完成如图。

d. 表布上片正面对正面车缝，完成上方翻回正面。

③ 达人的表布拼接法
机缝翻车压线

a. 完成表布下片的布条拼接，共2组。

b. 放上铺棉一起车缝做落针压线。

c. 表布上片正面对正面沿边车缝一道，上片落针压线。

1. 将未含缝份的纸型描于铺棉背面。
   注意：要画出止点位置。

2. 沿着线车缝一道后，画上缝份剪下。

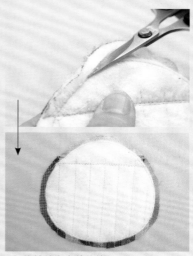

3. 将铺棉多余的修掉。
   注意：勿剪到缝线及表布。

4. 表布背面请记得画上止缝点。

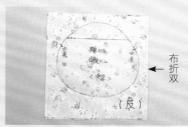

5. 前、后片正面对正面车缝至止缝点，弧度处剪牙口。

→ 布折双

（反）

6. 里布1片14cm×28cm，画纸型时，布正面相对对折直接画上。

7. 沿着线车缝，画出缝份后，剪下。

8. 里袋与表袋正面对正面套好，用珠针固定，外围车缝一圈，袋口留3cm返口。

9. 由返口翻回正面，以藏针缝缝合返口处。

10. 袋口处折双做出中心记号。先疏缝固定口金中心点，再固定第2孔的接合点，其他如图疏缝。

11. 使用皮革针，以双线的方式穿入针，在起针处先藏线头，以一上二下的方式缝口金（跳针缝），一边缝一边把疏缝的线拆掉。另一边也相同做法缝好。记着在最后一针的地方打结后，藏线头。

12. 缝上蝴蝶结即完成。

焦糖朵儿手提包

焦糖系的甜美手提包，
不规则碎花交错视觉，
轻柔质感的布料搭配简易袋型，
为今年秋冬的手作流行大增色！

情境摄影／詹建华　教学摄影／J.J
示范教学／陈莉雯老师　文字／Anhouse　美术设计／Maddy

多了拉链设计，出门提带更安心！

● 完成尺寸：约35cm X 23cm X 12cm　内附原尺寸图

材料

- HOBBYRA HOBBYRE
  表布（A）80cm×25cm
- HOBBYRA HOBBYRE
  素色布（B）（里布上口布、表布装饰带和蝴蝶结用布、拉链口布、底布）60cm×110cm
- HOBBYRA HOBBYRE
  里布110cm×90cm
- 接着单胶棉 80cm×55cm
- 20cm拉链
- 编织织带90cm（2cm宽）
- 厚布衬80cm×65cm

How to make

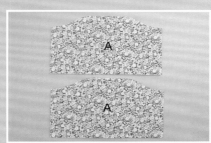

1. 表布A裁2片25cm×40cm布片（已含缝份），先烫上单胶棉，再依纸型加缝份1cm剪下。

2. 裁好如图。

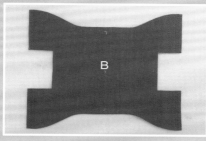

3. 底布B片与表布A相同方法裁好。

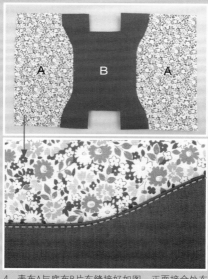

4. 表布A与底布B片车缝接好如图。正面接合处车上装饰线。

5. 表布装饰带：裁38cm×8cm 2条，各自对折车缝一道固定线，将车缝处移至中间后，于距离袋口5cm处上、下各车上装饰线固定于表袋。

6. 表袋对折（正面对正面）并车缝两侧。

7. 将底角缝份打开车缝，另一边相同。

8. 翻回正面如图。

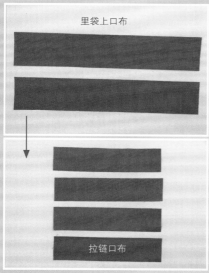

9. 裁里袋上口布7cm×38cm2条，烫厚布衬。拉链口布5cm×22cm4条。

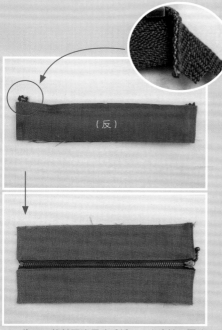

10. 将20cm拉链两边尾端反折，用水溶性双面胶带粘好车缝，再贴上水溶性双面胶带，粘上口布，与另一片口布车缝。另一侧用相同做法完成，翻回正面如图。

11. 依纸型裁好里布下片2片，烫厚布衬。

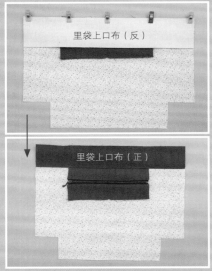

12. 里布与拉链、里袋上口布正面对正面用强力夹固定后车缝。另一片里布下片也相同方法完成缝合。

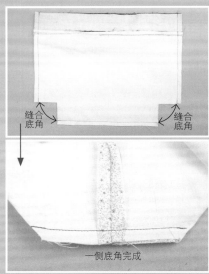

一侧底角完成

13. 车缝两侧、底边及底角。

14. 裁提手45cm长2条，固定于表袋。

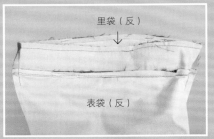

里袋（反）
表袋（反）

15. 将表袋与里袋正面对正面套好后车缝一圈。

16. 从里袋底部处用剪刀割开一道约10cm的开口，从开口处翻至正面。

蝴蝶结制作

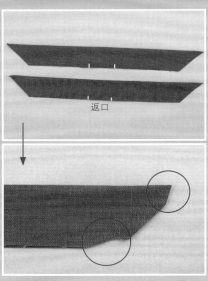

返口

17. 蝴蝶结裁35cm×8cm2条，对折（正面对正面）后车缝一道，中间需留返口，两侧剪成斜角，边角处的缝份请如图修剪。

18. 用返里钳翻回，缝合返口，沿边缘车上装饰线。

19. 如图将两侧交叉打结完成蝴蝶结。

20. 藏针缝合里袋的开口处，在袋口处车缝一道固定线，用贴缝方法缝上蝴蝶结即完成。

21. 完成图。

布品设计师
Nancy Wolff 南茜沃夫 的童话国度

用色缤纷又充满活力，与可爱逗趣的动物们一起，
回到童趣时光。

作品设计、制作、做法提供／苏怡绫老师　资料提供／隆德贸易有限公司
作品情境摄影／詹建华　文字／Magi　美术设计／Celina

如果说您能在想象得到的东西上找到她的作品，一点也不夸张。Nancy Wolff得奖无数的设计与绘画作品可以说是无所不在，不论是在布品、文具、包装纸、明信片、笔、餐盘、拼图、月历、果汁瓶、记事本、台灯、地毯，或者是在壁纸上，都能够找到她的设计。

Nancy 开始了布品设计师生涯之后，她的设计广受主流设计师以及布商所喜爱并采用。此时，她也开始尝试如何将色彩与织品完美地结合，而渐渐地，她独特的色彩融合就成为了她的特色招牌。借由混合各种图样、新闻纸和拼贴元素，她创造出现今最具特色的绘画及设计风格。

Nancy 也是《厨房里的图拉》及《和图拉一起上学去》等书的作者兼绘者，两本书皆由 Henry Holt 发行。另外，她的卡通短片《上船啰！》则是为许多主流出版单位及媒体公司所制作，如 Barnes and Nobles、A-3 Media Network、Design Design 等。

在纽约的 Cooper Hewitt 博物馆所举办的"当代织品设计展"中，Nancy 也是常态的特聘设计师。Nancy 于 Skidmore 大学艺术系毕业，主修绘画，现居于纽约市。

更多资讯请上网站：http://www.nancywolff.com/index.htm

疯狂派对 系列 ....

NO.PG70000-700A

NO.PG70000-700B

NO.PG70000-700C

NO.PG70000-700D

数数看，
同班同学系列里面出现了几只动物呢？
有猫咪 Tallulah、鳄鱼 Freddie、企鹅 Nigel、小狗 Flapjack、
小猪 Roxy、猴子 Henry、斑马 Oliver、老鼠 Penelope……
答案是：25 只，喔！

 同班同学 系列 ....

NO.PG70000-703A

NO.PG70000-703B

NO.PG70000-703C

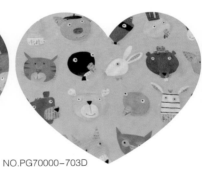

NO.PG70000-703D

 天马行空 系列 ....

NO.PG70000-702A

NO.PG70000-702B

NO.PG70000-702C

NO.PG70000-702D

天马行空工具袋

作品尺寸：31cm×25cm

晨间对话化妆包

作品尺寸：28cm×16cm×7cm

晨间对话 系列

NO.PG70000-701A

NO.PG70000-701B

NO.PG70000-701C

NO.PG70000-701D

欲购买 Nancy Wolff 南茜沃夫的可爱图案布组请至 P.131

或至 布能布玩 Sew la vie 各门市 http://www.patchworklife.com.tw/

※ 布片颜色依实际商品为主

糖果迷宫 系列

糖果迷宫包

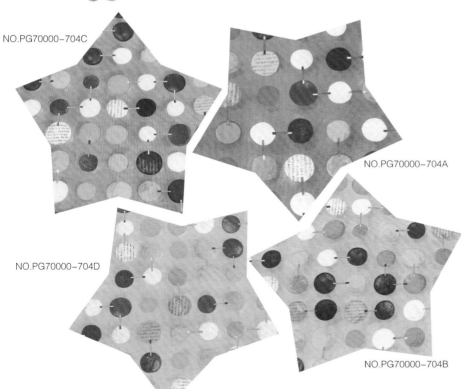

NO.PG70000-704C

NO.PG70000-704A

NO.PG70000-704D

NO.PG70000-704B

完成尺寸：27cm×32cm×33cm

☆内附原尺寸图　☆制作方法请参考 P.112

秋天的森林标本图鉴
Autumn forest specimen illustrations

● 作品设计、制作、摄影、文字提供／Ann　　● 美术设计／薄荷茶　　● 内附原尺寸图

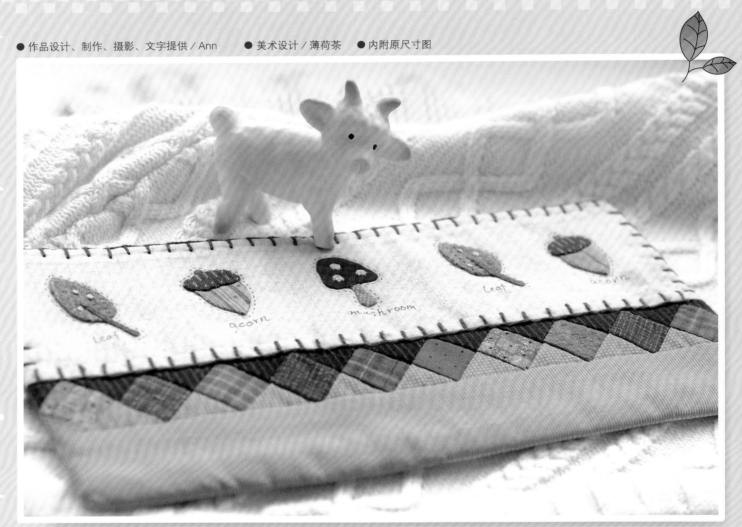

秋天是个美好舒适的季节，当然也是个做拼布的好时节。选一些带有秋天色调的印花布、格子布拼接在一起，缝上几片浪漫的落叶贴布、树上的坚果贴布，还有可爱的蘑菇贴布，画上解说英文字，有点像是棉布做的森林标本图鉴，手指头轻轻触碰这些微微立体的小图案，微笑地感受秋意的温暖。

很喜欢这个新做的拼布小垫，平常最常拿来当早餐垫，铺在餐桌上，就会能让人拥有好心情。也会拿来当家中小摆饰的垫子，可爱的小羊在贴布图案中探索秋天，真是惬意！

HOW TO MAKE

1. 依照纸型拼贴表布。

2. 制作贴布图案。

3. 将贴布图案的刺绣部分以两股绣线绣上。
再以耐水性细字颜料笔,将图案边缘画上线
条与英文字。

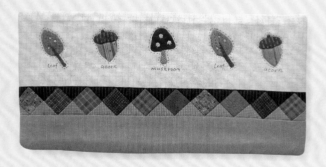

4. 将表布与后背布正面相对,车缝一圈,
下方留返口翻至正面,缝合返口。

5. 以5号的咖啡色粗绣线(或6股一般的25号绣线)
绣上毛边绣装饰即完成。

赐福长寿
作品尺寸：135cm × 135cm

我要活下去

我不会拿画笔，却用布勾勒出心中的佛，当我忧郁无法自已时，
拼缝是最好的镇定剂。　　　　　　　　——邱碧兰老师

早期因为服用抗生素过量，病苦未曾间断，因缘巧合接触到拼布，意外地借由针线一上一下指间能量的释放，获得重生，也让我找到了活下去的动力。

生性讨厌崇洋媚外，而发奋自学自创平民拼布，跳脱美、日风格，摒弃模仿，将传统图案与当地文化融入作品，让拼布艺术更有生命力。我的创作以台湾原住民文化为主题，在台湾各地展览时，受到媒体争相报道，在台中文英馆举办个展时更受三立、中天等四家电视台采访报道，被中国时报、联合报等13家平面媒体报道，并受邀至电视台、广播电台作专访，听到观看者无数的惊叹声，更激发了我为台湾特色拼布努力的使命感。

看到坊间很多将英文字母切割拼接的作品，让我感慨，中国字就不能裁切拼接吗？于是选择了中国古字"寿"制图切割，身为客家人，首选讨喜的客家花布，一块一块，利用快速机缝翻车法拼接完成，十二生肖则是用"挖补贴"方式表现，围绕"寿"字代表岁岁年年长命百岁，四个角落以象形蝙蝠图腾展现，取其谐音"赐(四)福"，所以命名为"赐福长寿"。在"2009年日本横滨世界拼布大展"中，荣获参赛资格，虽未得奖，但对一个"素人拼布工作者"来说，已是莫大的殊荣及肯定。

我不会拿画笔，却能用布勾勒出心中的佛，当我忧郁无法自已时，拼缝是最好的镇定剂，因无师故能拼接自在，"一声佛号一针缝"就是最好的"拼布禅"。期待借助宗教不可思议的力量，为我带来源源不断的创作灵感及动力，更殷盼有更多志同道合的朋友加入此行列，为台湾拼布注入新生命，让表现真、善、美的拼布艺术，感动并净化更多的心灵。

🏳 我的拼布故事 JAPAN

● 作品设计、制作、摄影、文字提供／江崎尚子老师
● 翻译／Magi ● 美术设计／Dabbie

作品尺寸：170cm×192cm

与红色的对话

作品完成后，全然忘掉了过程中的辛劳。 ——江崎尚子

Dialogue with the red

Color Show

MY SIDE OF THE STORY

　　我与拼布初次邂逅，是在30年前看到拼布书内的小木屋床罩照片开始的，当时才得知小木屋是美国拼布的传统图案。由于醉心于小木屋图案，便开始寻找教室学习拼布，并学习了许多其他的图案，也学习了贴布缝、编织、切割拼布等技法，还有小物、袋子等做法。但是我最喜欢的还是小木屋图案。制作小木屋图案所使用的布，随着年纪的变化而有所不同，也研究了其配色与设计。

　　从15年前开始喜欢棕色，使用先染布制作作品。有一天突然想用红色的布来试做，对棘手的红色来挑战看看。但是做什么、要怎么设计，却让我很困惑。当然一定要有小木屋图案，但是我又想只有这样一定不是很有趣，所以与刺绣组合。想做出红发Ann（清秀佳人）的生活感觉。小边条加入了野雁图案变得比较热闹，但若全部都是红色，不仅无变化，也较无流动感，所以加入绿色与蓝色调节来突出。因为制作此作品碰到棘手的红色，作品的感觉一直无法引起热情令我颇为苦恼，且在收集红色布中也花费了许多时间，中途好几次想放弃。尤其是小边条的野雁图案，为了表现出小鸟飞起与飞来时的跃动感而在图案上略作了变化，虽然是为了缝合对称感觉而裁切，但在排列时为了不出错而修改了很多次，浪费了许多布与时间。作品完成后全然忘掉了过程中的辛劳，只记得红色的布制作是很棘手的。

酝酿作品需要灵感；有时作品完成的契机就是缺乏的布出现刹那间。

Chat 1 水果图案布的创意运用

每隔周五在台中，总是会被一群欢愉的笑声所吸引，这是陈节老师与学生正为壁饰的创作进行讨论的时间，他们定出主题说出自己的设计想法，再与老师讨论整体构图及配色，当他们拿出已完成的作品展示给小编看时，很难想象很多学生都是初次挑战此种设计感的壁饰，让我们一起与陈老师喝咖啡聊拼布趣！

采访文字整理／Magi 摄影／J.J 美术设计／Celina 协助／布能布玩拼布生活工坊(台中河北店) TEL：04-22450079

⚑ 每次课程如何选主题？设计理念是什么？

陈老师：当时在台中门市进了一系列水果图案布，我一见就非常喜爱，一般人以花布为主进行创作，选用蔬果布作为挑战，不只是单纯的行销而已，也想要展示设计的功力。我的设计原则，是很丰富的图案布当主题，在整个画面的架构上排列尽管简洁，再强调色彩的搭配，创造可口的味道，最后再使用机缝的自由流线表现设计感。以草莓图案布为首创，得到良好的反应，尔后又陆续创作了柠檬篇等。我喜欢研发不同层面的美感，作品里发挥更多想象空间，也会想到花最少力气创造令人着迷的东西。

作品制作趣谈

当你开始用心收藏布料，自然会从中规划，产生组合的特殊需求，并非刻意只是静静享受灵感实现。在小关老师系列布里聚集了鲜艳色彩，引发一种欢乐的感受，把收集已久的绿色报纸布和近期得到的绿色雏菊布相结合，产生同色系列感，创作就此酝酿发生——让讨喜的绿色架构起来，俏女郎当焦点再把橙红的水果放入，水果旁加少许翠绿叶片增加新鲜美感，简单的画面再使用黑色布协调勾边，更衬出层次来，作品就这样完成了。

甜香之美

尺寸：94cm × 94cm
作者／陈节老师

黄、橙的色彩在空间飞舞，改变了空间氛围。

盘中的美味

尺寸：78cm×83cm
作者／徐莘祯（Pany）

一向喜欢亮色调的我其实很害怕使用橘色及亮绿色，这次课程中有很多新的挑战，直接以花布特色来编排，老师马上很自由地作出了安排，快速及平衡感都达到，完成后呈现出清爽亮丽的感觉，胡萝卜顿时好吃了几分。

陈老师讲评：

此主题选择胡萝卜图案布是因为图案本身的大小一致，较制式无空间、无层次感，排起来美观性较弱，且重叠很多取图时不易。以其他的蔬果来调和较有丰富感，我们选择茄子来互补其色彩，因为胡萝卜为干净的暖色系，所以背景布也选择 HOBBYRA HOBBYRE 的绿条纹布，特意加上块状的桌布，桌布我们故意剪斜角，这样艺术性较高，最后加水兵缎带增加趣味感。若胡萝卜布有大小的图案，一定会使作品更生动，此点有些可惜。

Kiwi 猕猴桃

尺寸：80cm×80cm
作者／李青绮

Kiwi 吃了不只会体力充沛，就连只看栩栩如生的布料也令人精神百倍！那酸酸甜甜的滋味似乎也让作品有一种耳目一新的感觉，随着老师跳跃的步调、创意的发想，在必须冲突又必须和谐的配色练习中，似乎带领我们到了更有趣的拼布世界里，拼布真的好好玩、好自由、有好多不同的可能性！
相信每个人都能做出不一样却又只属于自己风格的作品。

陈老师讲评：

猕猴桃的图案布若是整颗则不讨喜，所以它是以剖面图呈现，但剖面图无其他布看上去更震撼。器皿则以颜色考量，点点红配绿色是最搭，且因猕猴桃很单薄无整体感，我们又在器皿下方放重颜色的色彩——黄色柠檬，绿色加黄色也是很清爽干净的色彩。当小绮绣上 Kiwi 的字时感觉还是很空洞，刚好小关老师设计的布中有表现 20 世纪 50 年代少女的布，用包扣点缀缝上表现酸酸甜甜的少女心。此幅作品因为猕猴桃不是整颗排起来显得很空洞，与其他水果搭配的协调性都不好，因此最后使用水兵缎带的目的也是补强画面的饱和度。

最爱扣子＆哈密瓜

尺寸：78cm×83cm
作者／陈美如

通过这样的课程，老师的指导中仅仅只是几块布就呈现出一幅壁饰，令我觉得好惊奇。最后的扣子运用，因为有收集旧扣子的习惯，终于可以一次把它们运用在作品上也令人很开心。

陈老师讲评：

此幅作品我建议以大胆的心来尝试，刚好美如也可以接受。首先我们想找不那么鲜明的背景布，但当时无适合的布，于是我建议局部用布的反面来使用，此灵感是从家子老师那学到的，而这幅没使用桌布是因为怕抢了哈密瓜的主体，选绿色的器皿增添水果的可口度，桌子是咖啡色比较暗，用收集的大小不一的扣子与水兵缎带来增加俏皮感。若大家仔细看就会发现，滚边角落之处我们不刻意使用相同颜色点缀，目的也是让作品有整体感。

最新力作　　**贴布缝的童话王国**

拼布游戏家 Pany 老师

■摄影 / 周祯和　■采访、撰文 / Brownie　■美术设计 / Celina

11月下旬 超可爱上市
首翊 & 手艺

达人小档案

Pany 老师
拼布资历 10 年以上
以温暖可爱贴布风格拥有超多粉丝的
人气网络手作家
《巧手易》拼布杂志指定合作老师
设计理念：拼布就是要有趣，才是玩！
曾出版《一缝就成的拼布小物》、
《一定缝成的拼布小物 2》等书。
麟育拼布
http://ling-yu.shop2000.com.tw/

* 这两本书中文简体版已由河南科学技术
出版社出版。

一起来游戏吧！

把缝纫工作当成游戏的 Pany 老师，脸上总是挂着灿烂的笑容，如同她的作品气氛，让人忍不住会心一笑；又像被一双温柔的大手呵护，获得一些暖暖的力量。或许就是把工作当做游戏的理念，才能创作出一件件色彩鲜明却又没有压力的疗愈系作品。有别于传统的拼布印象，Pany 老师已经开创出一条风格独具的道路，用缤纷的色彩贴缝出更多天马行空的想象，而新书中的童话王国又有哪些宝藏等待我们去发掘呢？不妨跟着小编的脚步，一起进入 Pany 老师打造的超可爱贴布缝的童话王国吧！

拼布是一个游戏——Pany 老师

以下采访简称：**H** 为 Hand Made 杂志；**P** 为 Pany 老师。

H： 怎么开始接触拼布的呢？拼布是否为生活带来什么影响？

P： 小时候，跟着姐姐一起玩布，帮洋娃娃做衣服，从中得到成就感，是接触缝纫游戏的开始。日后，也持续不断地学习各种缝纫相关的手艺技能，大学更是选择家政科系就读，彼时的创作以洋裁为主，对于拼布仍没有概念。随着时间的推移，结婚生子为人母，适逢日本拼布手艺引进台湾，加上想亲手为孩子缝制日常用品的念头驱使，开始拼布学习的历程。在制作拼布的过程中，获得许多的乐趣，因此越来越喜欢拼布制作这件事情。让拼布作品成为实用的日常用品是我一直以来的创作观点，越是实用的作品，就越是好的作品，所以为家人亲手缝制可以日常使用的袋物或其他用品，让

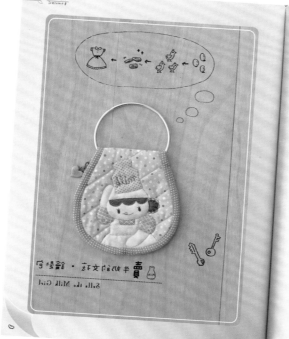

读者福利社

小编帮你问！
最多人想知道的 Q&A

Q： 可以请 Pany 老师抢先介绍一下新书吗？

A： 新书的主题为童话故事的贴布缝创作，一共收录 30 件作品，来自 24 个童话故事，15 款不同的袋型，每一个都是让人爱不释手的可爱小物或袋物喔！ 并且丰富收录详细的做法步骤教学，让每一位读者都可以轻松学会贴布缝与袋型制作，打造属于自己的童话王国。

家人也能一起感染拼布的美好。或许，就是拼布带来的影响。

H： 创作灵感通常从何而来呢？

P： 我自己很喜欢可爱的图案设计，加上想要设计出小孩子也会喜欢的东西，因此大部分时候的创作观点总是从小朋友的喜好发想，结合实用性的设计细节，完成创作。此外，有时候也会参考书籍或某个生活片段引发的灵感，进而开始创作的旅程。

H： 想通过这本童话故事的拼布创作传达什么理念？

P： 希望借着童话故事的鲜明印象和每个读者的儿时记忆，找回过去的情感轨迹，勾起更多人的回忆。再用明亮系的配色设计，颠覆传统拼布的配色概念，让更多人愿意接触拼布，发现拼布的新乐趣。此外，若能借着拼布创作激起更多亲子之间的良好互动，共创亲子之间的美好时光，那是再好不过了。

H： 想对读者说的话？

P： 希望大家能够借着这本书，发现更多拼布的乐趣，请大家多多支持！

我的 "布之道"

■作品设计、文字、图片提供／布之道 胡金治老师
■撰文整理／Anhouse　■美术设计／Celina

我以线为音符，
以布创造空间，
加上布的色彩、
温柔质感，那是
我心里的美。
　　胡金治老师

走过人生大半个旅程，回忆起上一世纪 60 年代，基于个人性趣，求学阶段选择服装缝制科，已奠定此生工作生涯基础。近四十年来均投入与才艺有关之学习与教学工作。60 年代分别取得池坊流教授、染色缎带艺术造花讲师资格，80 年代取得日本手艺普及协会拼布讲师、第一届拼布指导员资格。期间从事花艺、拼布创作教学工作，足迹遍及高雄至台北部分地区。

在教学过程中，为提高学员对于学习才艺的兴趣、提升学员创作水准，先后在苗栗文化局、苗栗市公所、头份镇公所、彰化县文化局、高雄市政府文化局、彰化县员林户政事务所镇图书馆、私立明道大学等机构举办师生拼布作品展，深获当地各界佳评。为期自我提升，2001 年 5 月参加日本手艺普及协会第六回拼布日本展 AQS 作品系比赛，荣获佳作奖（作品于日本展出）。参加 2004 年 2 月袖珍博物馆第四届娃娃屋创作比赛入选、2004 年 9 月袖珍博物馆（台北建城二甲子欢砌古城 120）比赛佳作，对个人在才艺教学与学习领域中添增了美的嘉许。

雪竹　作品尺寸：70cm×45cm
2001 年制作
本作品取用不同素材，将雪地中屹立不摇之竹子展现于作品，象征毅力坚强之精神。
材质：更纱、绢布、手染布、绣线、纱布

"花系列" 袋物

◀ 玫瑰包
一层一层叠起的花瓣，就像是玫瑰给人的恋爱感觉，层层堆起满满的幸福。

▶ 波斯菊包
盛开的波斯菊，邀您在璀璨黑夜共赏明月。

时尚设计包款

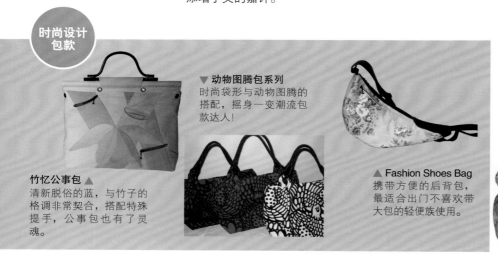

▼ 动物图腾包系列
时尚袋形与动物图腾的搭配，摇身一变潮流包款达人！

▲ Fashion Shoes Bag
携带方便的后背包，最适合出门不喜欢带大包的轻便族使用。

竹忆公事包 ▲
清新脱俗的蓝，与竹子的格调非常契合，搭配特殊提手，公事包也有了灵魂。

◀ 小雏菊手提袋
绿意盎然的花园里，正开着朵朵小雏菊呢！

在教学相长的自我期许下，深切体会到欲创作完美的工艺作品，涉及创作构思、设计原理、制作技巧以及色彩美学等相当广泛的知识领域。创作构思可取材于大自然景象、原住民和客家等各族群传统文化习俗饰品，或参考欧美日等国的传统、时尚风格饰物，在制作技巧以及色彩美学方面则可融合编织、绳结、雕饰、彩绘等各项才艺的创作特色及技巧。

自始相信每个人心中都存有一种美，有人用音符来表达，有人用空间来创造，有人用油彩来美饰。而我以线为音符，以布创造空间，加上布的色彩环及温柔质感，那是我心里的美，以现材创作是一种生活的实践，以平实的作风来表达内心的惊奇，一切都在生活的色彩中找到令人遐想的优美，这是我的艺术。希望以 "执着个人之喜好，创造美的人生" 共勉。

▲ 向日葵包
表袋编织宛如向日葵的花心，背起我最爱的包包出游去。

幸福的手作生活

布能布玩 ✕ Sew la vie 拼布生活工坊 Quilt & Knit

独家代理美国、英国、日本等国的布料，瑞士BERNINA缝纫机、拼布工具、毛线编织、彩绘商品、木器等一应俱全。

丰富的教学内容：手缝拼布实用班、手缝拼布证书班、缝纫机拼布实用班、缎带刺绣班、特别讲习班、简易洋裁班等。

台北店

商品陈列明亮、鲜艳

提供BERNINA缝纫机供学员使用

 **台中店**

备有专用停车场，让您更安心

高雄店

洁净明亮的空间设计

是你学习的最佳环境

 台湾总代理　隆德贸易有限公司　总公司／台中市北屯区河北西街 71 号／ (04)2247-7711

台中河北店／台中市北屯区河北西街 77 号／ (04)2245-0079　　　台北南京店／台北市南京东路一段 52 号 6 楼／ (02)2511-2809

高雄复兴店／高雄市苓雅区复兴二路 25-5 号／ (07)537-7198　　　高雄针车店／高雄市苓雅区复兴二路 25-4 号／ (07)537-0277

上海店／上海市长宁区延安西路 2299 号世贸商城 8 楼 A-01 ／电话 86-21-6236-0667

83

文字／Anhouse　美术设计／Dabbie

先染布造型私房拼布秀

先·染·布·的·手·作·世·界

本期参加募集的读者，真是高手云集啊！从可爱的贴布图案、手作布花、传统拼布、时尚袋物、折花运用等，大家都不藏私，把拼布真功夫从口袋里拿出来了！赶快写信寄回回函投票支持你最喜欢的作品，给这些创作者一个爱的鼓励吧！

猫头鹰手机袋
创作者／黛西

可爱的猫头鹰眨着大大的眼睛，对这先染布的世界充满好奇心和想象力。

享受这一刻的美好
创作者／俞攸洁

秋风微微吹拂，Jessica小姐闭上眼睛享受这一刻的美好时光。细细回味这些年来，运用这把尺和心力所创作的作品，为了慰劳它的尽忠职守，用心设计了Jessica Q娃并做成尺套，初次登场，还请大家多多指教。

向宴包
创作者／陈丽焄
指导老师：张绵（自然风工作坊）

利用折花的构想，搭配先染布创作出一个高雅而大方的宴会包。

来! 背这一咖去看画展
创作者／俞攸洁

每到放暑假，画展总是特别多，看了MUCHA大展后，被这位捷克新艺术大师深深感动，特别用暗色底镂空，描绘花朵摇曳的姿态，再搭配毛料格纹，希望能为先染布加分不少，营造出带有气质感氛围，让先染布也能变身成时尚包。

浪漫玫瑰布花
创作者／陈嘉玲

玫瑰的雍容、玫瑰的风情，通过手作传达更显迷人。

可调式侧背包
创作者／叶美华老师
（鸭子拼布屋）

这个包是做给我的大宝贝使用的，已经是高中生的儿子，出门还愿意背着妈妈做的包，身为妈妈的我真的好开心。从制作开始，儿子参与选色和设计款式、袋面的流线配色，过程中还追加前后拉链口袋，完全是为使用者量身订做的个性包。

我的手机包
创作者／叶霈妤
指导老师：叶美华（鸭子拼布屋）

为了保护新手机iPhone，特别选择内有夹层的造型制作，可以分类放耳机和电池。

片片云彩手提包
创作者／许和美　摄影／张凯莉

将先染布与棉布做拼接，并翻出三角褶片，明暗的配色，使包展现出迷人风采。

随想短夹
创作者／优秀轩

先染布，魅力无限、沉稳大方、雅致迷人！裁下一些布边随机组合，心跟着飘扬，热情的暖色系和内敛的冷色系，你喜欢哪一个呢？

贝壳之花提袋
创作者／陈丽蓉

我利用零碎先染布片仔细排列组合，完全手工缝制而成！它的过程比我想象要辛苦，但成果却超越想象中的漂亮，迷人！在这儿和各位同好分享手作拼布无穷的魅力。

搜·寻·启·事

《巧手易》"搜"集部强力征求有创意、有想法、有设计、有原创风格的手作达人，带着您的拼布作品来巧手易杂志踢馆吧！欲参加同步主题手作募集之相关讯息，请见P.86。

※本募集单元为拼布人分享创意的舞台，为感谢每期参与票选的广大读者支持，欲参加者请以有意愿提供做法及纸型为考量再来信投稿，感谢您的配合及见谅。

格子布造型募集票选TOP1做法大公开!

哦!移动格子小屋

本期格子布造型募集票选竞争激烈,让编辑们在计算票数时,也忍不住跟着紧张了起来,最后"哦!移动格子小屋"以微小优势得到第一名,可见前来投稿的拼布素人们创作实力都超级强,不容小觑!你也想在《巧手易》上留下美好的手作回忆吗?快来参加募集吧!

· 作品设计、制作、做法绘图提供 / Jessica 拼布花园俞攸洁小姐
  http://tw.myblog.yahoo.com/Jessica-0960554899
· 文字 / Cheerannies 美术设计 / Maddy

HOW TO MAKE

*数字单位为cm

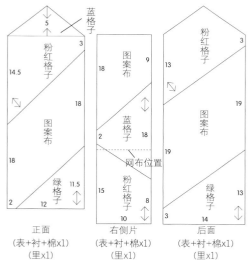

（格子分配）

材料

格子布　紫色(屋顶)　34m×15cm　　单胶棉62cm×41cm
　　　　粉红色　30cm×31cm　　布衬　62cm×41cm
　　　　绿色　19cm×17cm　(屋体)　1.6cm脚钉4组
　　　　蓝色　21cm×25cm　　塑胶板14cm×10cm
图案布57cm×31cm　　　　　　1.4cm扣子1颗
里布88cm×43cm　　　　　　　棉绳8cm
网布13cm×15cm

裁布

图案布(57cm×31cm)

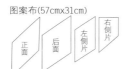

粉红格子(30cm×31cm)　　蓝格子(21cm×25cm)

绿格子(19cm×17cm)

1. 依尺寸图外加1cm裁切并照顺序拼接。

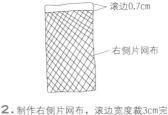

滚边0.7cm

右侧片网布

2. 制作右侧片网布,滚边宽度裁3cm完成约0.7cm,缝合在网布上缘处。

布衬
里布
棉(反)
返口
表布

3. 表与里正面对正面重叠烫衬与单胶棉(衬与棉不用加缝份),留一返口后缝合,翻回正面落针压线。右侧片与步骤2一起缝合。

卷针缝
左侧片(反)
正面(反)

4. 屋体四片正面朝内以卷针缝接合,完成屋身(卷针时只需缝合到表布)。

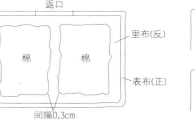

棉+塑

1.5cm
1.5cm
铆钉位置

5. 底部接合一边,烫单胶棉并加塑料板,在距边缘1.5cm处打上脚钉共4组,其余3边以藏针缝缝合,再与步骤4以卷针缝缝合。

返口
里布(反)
棉　棉
表布(正)
间隔0.3cm

6. 将屋顶单胶棉再剪成一半,间隔0.3cm烫于里布上(更容易表达屋顶尖角),表与里正面对正面重叠,留一返口后缝合,翻回正面压线。

2cm
卷针缝

7. 屋体右侧边与屋顶内侧2cm处以卷针缝缝合。

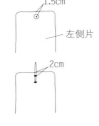

1.5cm
左侧片
2cm

8. 扣子缝合位置在左侧片中点下1.5cm处。将8cm棉绳对折固定在屋顶往内2cm处即完成。

读者大票选

人家就是要教学！

NO.45票选NO.1
最想要有教学的作品

●内附原尺寸图

冰激凌保温袋
摄影 / Akira
设计、制作、文字提供 / 台湾拼布网赖淑君老师
TEL:02-26548287

·材料·

用布量：外袋身主体布60cm×110cm、配色布30cm
　　　　冰激凌10cm×10cm约9色、内袋里布60cm

配　件：保温棉1包（67cm×112cm）、美国厚纸衬90cm
　　　　薄布衬180cm、16cm古铜拉链1条、20cm塑钢拉链3条
　　　　小问号钩3个、宽0.5cm皮带40cm、番茄提把1组
　　　　2cm包扣1颗（樱桃用）、细皮绳5cm（樱桃用）
　　　　30番段染车线、40番刺绣车线、奇异衬15cm
　　　　彩色铆钉3组、长铆钉（小）3组、人字形织带宽2cm长180cm

1. 前袋身制作：
　　①取外袋身的主体布约30cm×25cm（A）。
　　②把A冰激凌的图案用灯箱或布用复写纸描好。
　　③图案背面烫上奇异衬，保留奇异衬反面的保护胶膜，待挖空后再拿掉，配
　　　色布置于挖空处，再行整烫。
　　④其他的图案可依号码制作。
2. 外袋A的图案，用30番段染车线收边。车法：毛毯边缝、贴布缝，针距2.0幅
　　宽2.5。
　　樱桃制作：取21mm包扣，缩缝好，细皮绳做梗，贴缝固定。
3. 表布A与保温棉（30cm×25cm）＋薄布衬（30cm×25cm）。表布（A）与保温棉可用喷
　　胶固定，保温棉背面再烫上薄布衬，一起压线，可用40番刺绣车线，车好，
　　取纸型A定规，外加缝份0.7cm。
4. 定规好的A与里布A，用宽4cm长25cm的斜布条包边。
5. 取外袋身配色布B、保温棉、薄布衬（以上皆裁30cm×25cm），一起压线后，再
　　定规，外加缝份0.7cm。
6. A与B先疏缝固定。
7. 外袋身主体布、保温棉、薄布衬（以上皆裁35cm×110cm），一起压线，取纸型
　　C1片、D1片、E1片、F1片。
8. 后袋身制作：C外袋布C里布，斜布条滚边宽4cm长30cm。
9. D外袋布D里布，斜布条滚边宽4cm长30cm。
10. 两端从里面卷针缝。
11. 缝上20cm拉链后，与B里布正面朝上疏缝。
12. 上侧身拉链制作：20cm拉链2条，拉链两条先缝合，拉链尾端接上
　　3cm×10cm（折双）的口布。
13. 内里制作：取B裁美国厚纸衬2片（建议比原型缩小1cm）、E2片、F2片。
　　(1)B、E、F的里布与纸衬＋薄布衬先行整烫，再车缝使其牢固。
　　(2)若B的袋身要开16cm的一字形口袋，纸衬可以先剪掉比较好车
　　　（口袋尺寸20cm×30cm，16cm拉链1条）。
14. 上侧身制作：E的表布与里布夹车制作好的拉链。
15. E接好拉链后与袋底夹车。
16. B的表布B的里布背面相对，正面朝外，可先疏缝。
17. 袋身与侧身缝合，缝份部分用宽2cm人字形织带包边。
18. 缝提把。
19. 拉链头装饰：0.5cm宽皮带长12cm即可。

最新募集主

巧"搜"主义——主题同步玩手作

我用"图案布"做的私房手作拼布
跟着《巧手易》的全新主题一起同步玩手作，show出您最得
意的作品，就有机会在《巧手易》杂志上变成人气当红炸子
鸡喔！
截止日期：2011年10月31日，录取者将刊于NO.47期

注意：以上募集不限定颜色并加入自己的创意，请以"布"
作类作品为主，尽量以未刊登其他杂志为限，为避免版权争
议，作品请勿一稿多投。若作品构想为参考其他书籍，也请
详记书名并加入自己的创意，请勿与原作品雷同。并用文字

介绍作品（文字30字内），参加者请先附上1～2张照片，或传
数位图档JPEG至本公司电子信箱（made.mag@msa.hinet.net），
录取者我们会寄上小礼物以示感谢。
请于指定日前寄至本公司，台北市南京东路1段52号6楼　企
划部收，并在信封封面注明参加单元，以利作业流程，谢谢
合作！

＊作品若没有录取，照片不予退还，敬请见谅。但是，为了
　尊重作者，此照片不会利用在杂志以外其他用途。
＊本公司有保留审核与赠品更换的权利，如遇赠品用罄，将
　以同等值之赠品代替，敬请见谅！

更正启事

★NO.45 P.73盒盖＋盒后侧裁布尺寸：约32cm×19cm；盒前身＋两侧裁布尺寸：约42cm×14cm。
★NO.45 P.88"夏威夷海滩猫头鹰"作者为陈雪珍小姐。
　以上错误特此更正，造成不便敬请见谅。

将大壁饰作品折起，自然地垂挂在木架上，也为教室增添了不同的氛围。

Information

木棉坊拼布美学教室

20047 基隆市爱二路 65 号 3 楼

TEL：02-24293917

http://tw.myblog.yahoo.com/diana-24293917

摄影采访／Handmade小组

跟着小编逛拼布店

位于基隆闹区的木棉坊拼布美学教室于 2011 年 9 月初乔迁了，带着喜悦及祝贺的心，我们再次拜访洪老师。新地址很容易找，一到教室所在地，我们从楼下往上抬头望，即可从偌大的窗户内，隐约见到一些优雅的布置。等到我们踩着楼梯、抱着兴奋的心，终于推开大门见到新教室景象，新教室有别于之前的拥挤，宽敞的空间及阳光洒进窗台的自然光线，自然而然地与外面的都市喧嚣区隔，顿时让心情平静许多，相信学生在这么舒服的环境之下一定更有学习动力。

洪老师的拼布资历已有 20 年，今天看到的作品只是冰山一角，有许多未曝光的都还躺在仓库内，洪老师还需要一些时间才能整理好，但仍十分欢迎读者有空去参观！

一进门，迎接我们的是一排排争鲜斗艳的美丽花布及洪老师大大小小的作品，小编最喜欢的是装饰于角落的大绣框中的壁饰，很有美国初期拼布的怀旧感。

左侧的柜子上则堆叠着较小的布块及老师收藏的杂货，这些作品是不是很面熟？洪老师很支持《巧手易》杂志，所以有许多作品都曾在杂志内发表过呢！

入口的右侧上方挂着许多不同造型的袋子，猜猜看，小编最喜爱哪一个？

教室的另一区，还有许多作品等待大家来寻宝。

靠窗台的熨台区，为了下方可再利用，老师挂上布，在布的上方贴布缝上可爱图案，这样很美观又可以增加收纳空间，读者也可学学这个好方法喔！

戴小红帽的娃娃是教室的店花，总是笑嘻嘻迎接来上课的学员们。

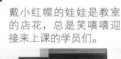

指吸快子老师 的拼布迷你讲座
草莓冰激凌透明随身袋

时间／地点：2011年08月31日(星期三)《巧手易》杂志

摄影／J.J. 撰文／Brownie 美术设计／Maddy

♥ 贴心的指吸老师，针对每位学员不同的问题，亲自给予指导。

♥ 指吸老师与学员们合影。

♥ 第一个完成作品的学员，获得指吸老师亲手缝制的闪亮亮爱心一枚！

♥ 指吸老师的粉红甜蜜风格，抓住无数女孩的心。

首翊&手艺 出版书籍回函抽奖

得奖名单公布啦！

感谢亲爱的热情读者支持，寄回回函抽奖的信件如雪花般的涌进出版社的信箱，我们从众多的回函中随机抽出得奖者，小编只能说：你们真的是太幸运啦！

H0009
Shinnie的手作兔乐园
Shinnie著
首印10天全数销售一空，随即决定二次印刷出版，现在第三次印刷书正上市抢购中！

《Shinnie的手作兔乐园》回函得奖名单
小兔子口金包材料包
曾素珍（新竹县） 李沄瑱（新北市）
林玉萍（桃园县） 何宣芝（桃园县）
洪雪容（高雄市）

H0011
笑刻刻
橡皮刻章达人的创意手作书
林梭娴 著
迷人的美式刻章图案风潮，现正席卷台湾刻章手作！

《笑刻刻——橡皮刻章达人的创意手作书》回函得奖名单
作者手工刻制橡皮印章
林娸珧（台北市） 杜孝栀（基隆市）
黄若叶（新北市） 陈草玠（新北市）
游桐昕（花莲县）

H0013
手心里的袖珍甜点
郭桃甄 著
超可爱！用黏土捏成的袖珍甜点，吸引每一个手作人的目光！

《手心里的袖珍甜点》回函得奖名单
作者手工特制袖珍小物
卓盈忻（台北市） 韦姿亦（高雄市）
李学嵋（高雄市） 宋淑慧（台中市）
韩雯静（新竹市）

世界拼布飨宴 *in* 上海

国际杰出拼布作品秀、新鲜礼品展；
手工艺发表、手作体验，精彩手工艺术展**即将揭幕！**

2010 年展览盛况

竭诚欢迎你体验艺术之美

2011 中国国际拼布手工艺术展

日期：2011 年 11 月 24 ~ 26 日

会场：上海世贸商城 3 楼东展厅（上海市延安西路 2299 号）

指导：中国科学技术协会、中国纺织工会协会、中国财贸烟草轻纺工会（排列不分先后）

主办：中国流行色协会拼布专业委员会

协办：日本（株）FUJIX、台湾手艺协会、日本手艺普及协会、日本手工艺协会
上海市纺织工会、上海世界贸易商城有限公司、上海富士克制线有限公司、隆德贸易有限公司

巧手易 第38期
定价：38.00元

巧手易 第39期
定价：38.00元

巧手易 第40期
定价：38.00元

巧手易 第41期
定价：38.00元

巧手易 第42期
定价：38.00元

巧手易 第43期
定价：38.00元

巧手易 第44期
定价：38.00元

巧手易 第45期
定价：38.00元

风华绝袋 悠游机缝拼布
定价：33.00元

我的机缝拼布旅行簿
定价：33.00元

拼布创意My布玩
定价：33.00元

布 只是时尚
定价：33.00元

好可爱拼布
定价：33.00元

巧手易
典藏优质图书专区

How to make

■做法绘图／宇柔　■美术设计／Maddy

P.6 长耳兔仔脸红红化妆包

※亲爱的读者：为了避免争议，刊登的作品教学内容为老师的原稿呈现，拼布用语会略所不同，特此告知。

材料

粉红色布20cm×15cm
咖啡白点布30cm×25cm
蓝色大格子布30cm×20cm
中袋布15cm
22cm拉链1条
0.8cm宽缎带52cm
0.3cm棉绳10cm1条
3cm包扣2颗

做法

※1 A：2片，B：1片。组合，内中袋方法相同。

※2 C：2片，中袋布2片。外表布1片，中袋布1片，正面相对，上端车缝，翻至正面。

※3 组合，侧边与袋身正面相对，上端单边对齐合印处，内中袋反面朝外对齐袋身，三层夹着侧身一起车缝。缝至记号处，车针定针，抬起压脚将夹至中间的侧边拉转弯，两次之后，一样侧边的另一边上端对齐合印，换边同样方式制作，之后翻至正面。

※4 袋口处，外表布与中袋布疏缝固定，按记号位置固定活褶，再以斜布滚边包缝袋口。

※5 拉链部分，取缎带与拉链同样长度(含缝份)2条，固定于拉链布上面，再将拉链中心对齐袋身中心，盖住侧边部分固定住。拉链两端包边固定。

※6 制作兔子部分。3cm包扣2个，其中1片布先缝好眼睛，再包缝。耳朵取斜布4片，做好一对，返口处对折，将耳朵与棉绳先略微固定。再将另一包缝好的包扣对齐，周边卷针缝合。兔耳尾端2针卷针缝固定。

※7 将兔子棉绳部分以拉链尾端套住，再将拉链尾端藏至袋内，固定在侧边即完成。

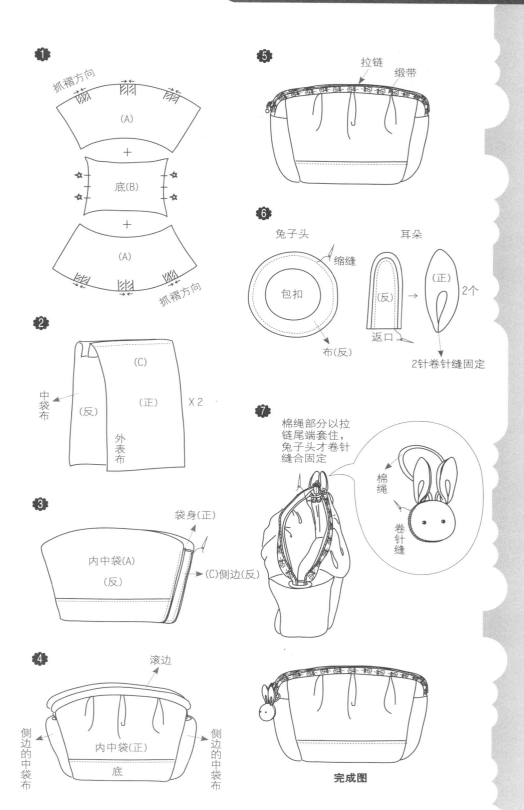

完成图

How to make

材料

主布(前) 23cm×15cm
盖子布(前) 23cm×7cm
后片布(合成皮) 23cm×19cm
里布23cm×35cm
拉链20cm1条
贴布缝用布 适量
绣线
缎带1cm×7cm
扣子直径9mm3个
提手用皮革2cm×26cm
铆钉2组
金属装饰(数字)
接着铺棉
徽章1个
D形环1个

做法

※1.主布、盖子布分别与接着铺棉一起用缝纫机压线。后片布的反面与接着铺棉用熨斗粘贴上。
※2.步骤1贴布缝图案,缝上面包造型的扣子。
※3.主布+盖子布+后片布一起拼接缝合。
※4.步骤3与里布夹住拉链一起缝合。
※5.步骤4的正面相对,留一侧的返口,其余缝合左、右侧,完成后翻至正面。
※6.用铆钉将提手固定即完成。

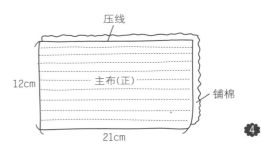

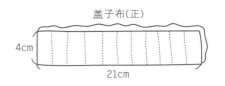

①

压线
12cm 主布(正) 铺棉
21cm

盖子布(正)
4cm
21cm

铺棉
17cm 后片布(正)
21cm

② 主布
扣子
扣子
贴布缝

③ 盖子布(正)
后片(正)

④ 拉链
里布(反) 表布(正)

⑤ 表布(正) 拉链
里布(反)

缝合
返口

⑥ 提手制作
20cm
2cm

6cm
2cm

9cm
2cm
2cm

铆钉固定提手
拉链

完成图

里布尺寸:33cm×21cm

How to make

 材料

先染布45cm×110cm
细格滚边布约3.5cm×300cm
铺棉45cm×110cm
拉链26cm2条、12cm1条、10cm1条
缎带Mokuba 1540/3.5mm #558、#424、
　　　　　　#366、#364、1542/#1
DMC 25番线 #3364、#3790

(以上材料准备为四件作品,读者可自行衡量所
需量)

做法

※1 先制作纸型。

※2 裁布,缝份加1cm。

※3 描出刺绣图案,进行刺绣。

※4 表布＋铺棉＋里布,一起疏缝并压线。

※5 滚边(裁布条3.5cm×85cm),利用红色
　　滚边器烫出滚边条。

※6 缝出底部。

※7 上拉链。

※8 完成。

A 法国结粒绣

B 轮廓绣

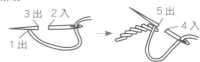

C 网状玫瑰绣

①用缎带做支架;②中心出针;③上下绕过
支架;④直到看不见支架为止。

刺绣

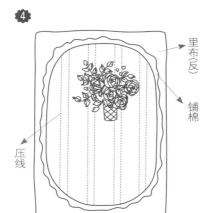

里布(反)

铺棉

压线

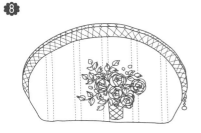

滚边

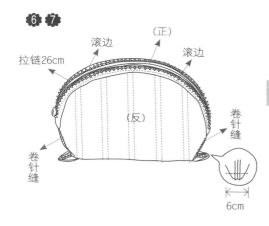

拉链26cm
滚边
(正)
滚边
卷针缝
(反)
卷针缝
6cm

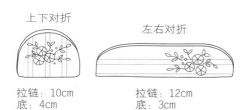

完成图

※本次所附纸型可上下、左右对折
自由变换出4款作品喔!

所附较小原尺寸图

上下对折

左右对折

拉链: 10cm
底: 4cm

拉链: 12cm
底: 3cm

How to make

用布：表布主色2色各60cm
　　　配色棉布4色各45cm
　　　里布45cm
配件：提把1组
　　　贝壳珠少许
　　　绣线、缎带少许
　　　拉链2条

做法

※1 取布条约12cm宽2色各2条。

※2 先烫褶车缝约0.4cm，间隔如图做褶子固定错开方向。

※3 浅色1条取7.5cm正方形18片。

※4 YOYO取直径22cm缩缝，用边长7.5cm正方形纸型，取下图形18片(需先疏缝)。

※5 先拼接正方形成表布，再上下接缝。

※6 铺棉，贴衬，疏缝压线。

※7 做装饰刺绣，修成36cm×28cm2片。

※8 袋底压线与袋身组合。

※9 里布裁36cm×95cm，折内口袋固定拉链，袋底与表袋身正面对正面车缝，翻回正面(内袋上贴边36cm×6cm2片，夹拉链口布25cm×9cm2片)，固定拉链。

※10 制作装饰花朵缝上，装上提手即完成。

① 单位：cm

2片

3.5
1.5
1.5
1.5
3.5

12

②

车缝0.4
烫褶

2.7
0.7
0.7
0.7

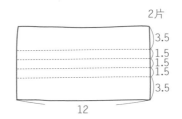

7.5

结粒绣固定烫褶

③

往上用结粒绣固定

烫褶

18片

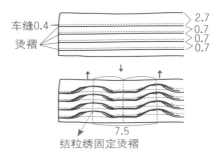

④

YOYO

22

7.5

7.5

18片

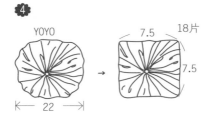

⑤⑥⑦

刺绣
铺棉
烫衬
压线

28

36

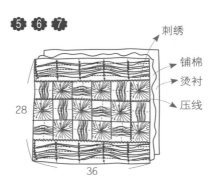

⑧ 底

压线

铺棉

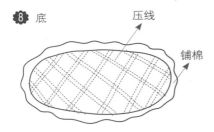

⑨

口布(反)　拉链

口布(正)

4.5

4.5

YOYO缝上装饰　　YOYO缝上装饰

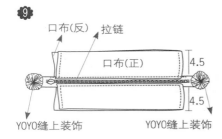

⑩

提手

花朵缝上装饰

完成图

How to make

 材料

表布55cm×45cm
(表)底布55cm×30cm
里布55cm×60cm
提手底布5.5cm×65cm2条
提手表布4cm×65cm2条
2.5cm宽织带130cm
装饰用布标1个
布衬100cm×100cm
10mm鸡眼钉1个
问号钩1个

做法

※1 织带提手先制作完成，再与表布A先车缝固定。

※2 表布A再与底布车缝完成表布，正面对正面将两侧车缝再折车底8cm。

※3 内袋也对折车缝并折车底8cm。

※4 内外袋中表车缝袋口，翻至正面再车缝修饰线一圈即可。

※提手完成先车缝在表布A上，车缝时以∏形车缝固定在表布上，离袋口处要留3cm不车，内、外袋个别完成时，再一并车缝一圈袋口的修饰线即可。

❶ 提手

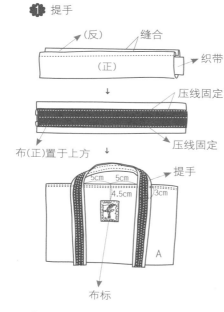

（反）
缝合
（正）
织带
压线固定
压线固定
布(正)置于上方

5cm 5cm
4.5cm 3cm
提手
A
布标

❷

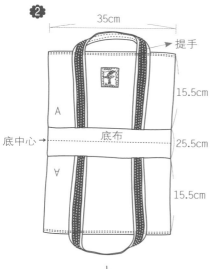

35cm
提手
A
15.5cm
底中心 底布 25.5cm
∀
15.5cm

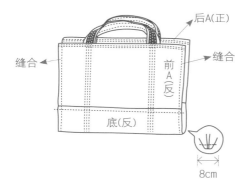

后A(正)
缝合
缝合
前A(反)
底(反)
8cm

❸

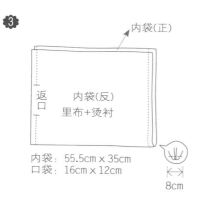

内袋(正)
返口
内袋(反)
里布+烫衬

内袋：55.5cm × 35cm
口袋：16cm × 12cm
8cm

❹

表袋置入
返口
内袋(反)
由此翻至正面

完成图

95

How to make

P.15 双面先染曲线包

材料

表布45cm
配色布60cm
铺棉适量
铜制提手1组
装饰用花朵2朵

做法

※1 制作布耳(提手用)裁4.8cm×4cm布片4片，两边各内折1.2cm，再对折，烫平整，两侧车缝0.1cm装饰线。

※2 袋身表布58cm×29cm，铺棉压线(用金葱线顺着布本身的不规则线条压线)，压线完成后画中线，中线上下各4cm处画线对折(内里相对)车缝0.3cm，袋身内里布用布块拼接，布块尺寸分别为29cm×7cm、29cm×44cm、29cm×7cm。

※ 29cm×7cm用袋身同色布拼接完成后，内里布与表布中表，夹车布耳(位置：袋身中点向两侧各4.5cm)提手位置，只需要车合上下侧即可，翻回正面0.5cm处车缝两侧。

※3 袋子侧边用配色布铺棉压线(用同色系素色线压菱格纹或自己喜欢的图案)，压线完成后，里布同样用配色布(里布需要留比较多缝份，约各加4cm缝份)。

※4 侧边布与袋身车合(缝份1cm)，侧边预留的多的缝份将袋身包边一圈即完成，内里用包边的方式完成，变成内外都可用的包包。

① 布耳
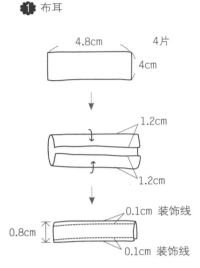

②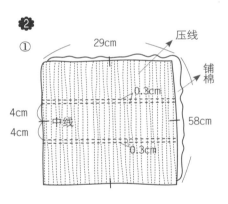

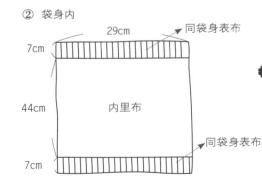

③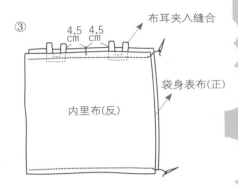

④

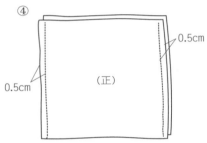

❸ 袋子侧边
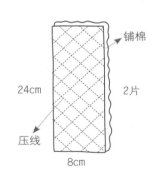

❹

完成图

96

How to make

材料

裁布尺寸(以下尺寸含缝份,图形也是)
前后袋身表布:依图形各大1cm表布+铺棉+
薄衬三层压线,再依正确纸型剪下备用。
表袋身袋底:依上述做法。
内里:依纸型贴衬(厚),口袋可自行设计。
袋侧身表布:2片+铺棉+薄衬三层压线,另
2片贴薄衬。
两侧配色布:配色布+铺棉+薄衬一起固定
疏缝备用。

其他材料

1.30cm拉链1条、前后+表布2.5cm×6cm,做
  4片,前后夹车备用。
2.小鸟造型可用奇异衬缝针车或用挖空的手
  缝方式。
3.树干裁1.5cm用绿色滚边器,叶子、小果
  实、花心以奇异衬贴好、加水晶加少许。

做法

※1 表袋身压线完,把小鸟图形、树干果实
   图形放在自己喜爱的位置。

※2 表袋身、内里布夹车拉链,压装饰线。

※3 内里,内里单独车,表布,表布车(内
   里记得留返口)。

※4 表布两侧身2片压好线和另2片表布车ㄇ
   形,翻至正面后压线备用。

※5 步骤4完成后再和另2片表布接合,再
   和表袋身组合,从内里返口拉出来,整
   理袋身。

※6 上提手,再把水晶贴在自己喜爱的位置
   上即可。

①

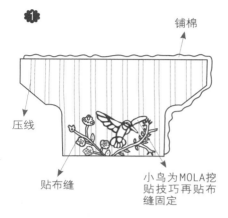

铺棉

压线

贴布缝

小鸟为MOLA挖
贴技巧再贴布
缝固定

②

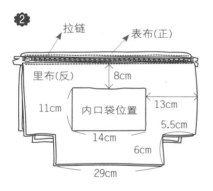

拉链　　表布(正)

里布(反)

8cm

11cm　内口袋位置　13cm

14cm　　　　　5.5cm

6cm

29cm

※内口袋请缝于里布正面。

③

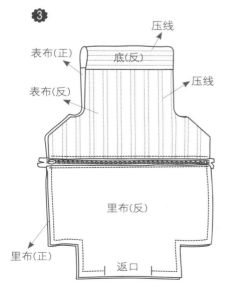

压线

表布(正)　底(反)

表布(反)　　　　压线

里布(反)

里布(正)　　　返口

④

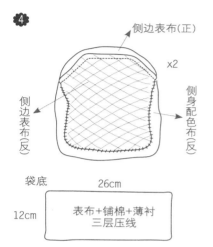

侧边表布(正)

x2

侧边表布(反)　　侧身配色布(反)

袋底　　26cm

12cm　表布+铺棉+薄衬三层压线

⑤

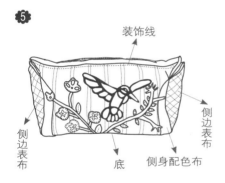

装饰线

侧边表布

侧边表布

底　侧身配色布

⑥

提手

完成图

97

P.17 红巾啄木鸟手拿包

材料

20cm拉链1条
30cm织带3条
木头小珠子+直径3.5cm大木扣
羊毛毡5色少许
贴布缝配色布少许
双胶棉35cm×30cm
棉麻布35cm×30cm
内里布35cm×30cm
包边条4cm×170cm

做法

Point 1

※1 先用消失笔画出树和鸟的位置。

※2 再贴布缝树木于中心。

※3 羊毛毡撕拇指大小条状，以戳戳乐刺出鸟的羽毛和身体，以白色覆盖深色即成鸟的肚子。

※4 最后将羊毛毡揉成小圆球戳成头。

※5 以黄色羊毛毡撕成条状再戳成尖嘴状，为啄木鸟的大嘴。

※6 于头后方贴布缝上三角红头巾。

※7 刺绣线三股，轮廓绣绣出脚爪。

※8 缝上一颗木头珠子当眼睛，就更像啄木鸟了。

Point 2

※1 三层压棉，先在树干压线再外包边(全部外框皆包起来)以藏针缝的方式两边缝到止点。

※2 底抓5cm呈立体状再翻回正面上拉链(预留上面5cm为上提手部分)以对针缝方式缝到尖点。

※3 织带两头皆包边，对折后以大木扣固定织带提手。

※4 按照叶片纸型画出，2片(中表)返口处理缝到水滴拉链头上(里面有棉)。

※5 大功告成。

Point 1

❶ ❷   ❸ ❹ ❺

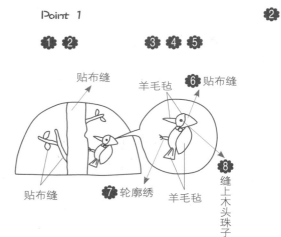

贴布缝   羊毛毡   ❻ 贴布缝
贴布缝   ❼ 轮廓绣   羊毛毡   ❽ 缝上木头珠子

Point 2

❶

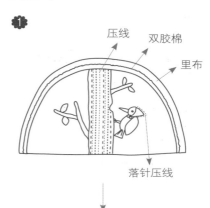

压线   双胶棉   里布
落针压线
包边

❷

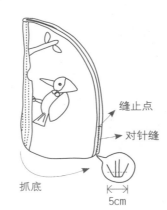

缝止点
对针缝
抓底
5cm

❸

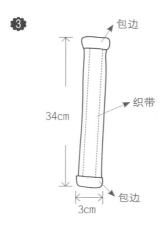

包边   包边
34cm   织带
3cm   包边

❹ ❺

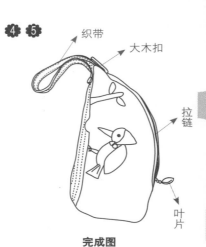

织带   大木扣
拉链
叶片

完成图

How to make

表布30cm
里布30cm
配色布6种各15cm
侧边布及滚边用布15cm
拉链20cm1条
D形环2个
提手用皮革0.7cm×50cm
0.8cm铆钉2颗

※1 请依纸型的贴布顺序将贴布图案贴缝在表袋布上。

※2 前、后表袋布与侧袋布加铺棉压线完成，再依完成线剪下。

※3 合并袋身，毛边包缝滚边。

※4 以8cm×4cm布块2片做提手的钩环。

※5 袋身翻回正面，袋口左、右先固定提手的钩环。

※6 袋口整个上滚边一整圈后上拉链，再安装上提手即完成。

①

贴布缝

②

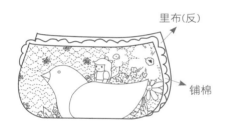

里布(反)

铺棉

里布(反) 铺棉

侧袋布(正)

③

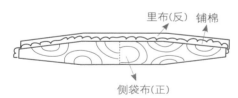

侧袋布(反)

④ 提手钩环

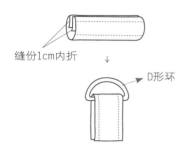

缝份1cm内折

D形环

⑤

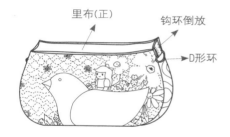

里布(正)

钩环倒放

D形环

⑥

拉链

提手

完成图

P.19 拇指姑娘乡村旅行袋

表布120cm
配色布(浅色底布+配色花布)约60cm
侧口袋+出芽布30cm
出芽棉绳240cm
里布90cm
厚布衬90cm(烫于里布)
薄布衬30cm(烫于里布口袋)
28cm开口拉链2条
25cm后口袋拉链1条
25cm内里口袋拉链1条
提袋织带+蕾丝各135cm
PE板(完成时置于内袋底)1块
苹果造型五金扣(装饰侧口袋)2颗

※1 制作表布贴布,再依纸型接合袋身表布,加铺棉、坯布疏缝压线,开25cm口袋,将出芽疏缝固定一圈。

※2 裁布64cm×8cm车缝翻正面,穿入3cm织带,用蕾丝装饰正面。

※3 将提手固定于步骤 1。

※4 裁与表布相同尺寸的里布,制作个人喜爱的内口袋。

※5 拉链布依纸型裁两片,加铺棉与坯布疏缝压线,拉链处包布边完成备用。

※6 制作布环。

※7 拉链布缝上28cm拉链,两份对开,再将布环固定两端。

※8 侧身布和侧身口袋布,依纸型各裁两片,加铺棉、坯布疏缝压线。

※9 拉链布夹车侧身表里布,再将侧身口袋疏缝于两端。

※10 将步骤1和步骤9接合成袋,再将步骤4的里布立针缝合至表袋一周即完成。

❶
① 坯布
铺棉
25cm
口袋处

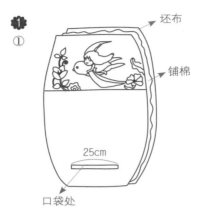

② 出芽用棉绳

❷ 提手
8cm   64cm   3cm
蕾丝

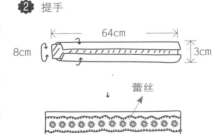

❺ 拉链布
铺棉 坯布
表布
包边
里布
坯布 铺棉

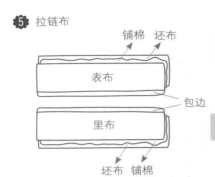

❻ 布环用布(已含缝份)
x2
8cm
4cm
↓
毛线   藏针缝合
1.2cm

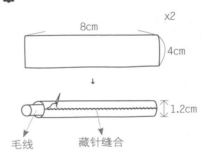

❼❽
布环
侧边口袋   侧边口袋
包布边

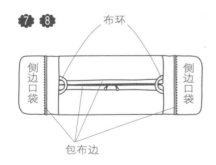

❸❹
提手

❾❿

完成图

P.20 草地狂想猫头鹰口金包

材料

先染布(表布)15cm
棉布(里布)15cm
配色布3片
羊毛布3色
10cm口金1个
铺棉适量

做法

❋1 先将猫头鹰依序贴布缝在先染布上。

❋2 再缝上羊毛布(眼睛、喙、翅膀)。

❋3 将表布正面对里布正面再加上铺棉,缝合一圈,留返口(共2片,口金包背面那片不用贴缝,其余做法相同)。

❋4 由返口将正面拉出,缝合返口。

❋5 将2片下方用藏针缝缝合。

❋6 再缝上口金即完成啰!

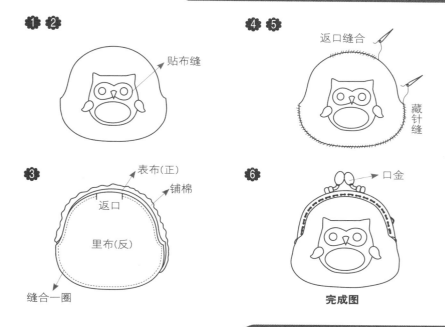

❶❷

贴布缝

❹❺

返口缝合

藏针缝

❸

表布(正)
铺棉
返口
里布(反)
缝合一圈

❻

口金

完成图

做法

❋1 裁紫色布12cm×11.5cm,12cm×7cm;
花布8.5cm×11.5cm;红(里)布12cm×7cm、
12cm×11.5cm各1片;厚衬15.5cm×10.5cm;
绿色2.5cm×15cm(含0.7cm缝份)。

❋2 组合表布:先在紫色布上画斜线,另留缝份0.7cm,裁剪成梯形,再与绿色布条、花布组合成表布。

❋3 将完成的表布与紫色布12cm×7cm组合,并烫衬。

❋4 依图示与里布组合同时固定缎带。

❋5 依图示画好记号,翻折好后左右车缝0.7cm固定,翻至正面。

❋6 缝合返口,完成。

单位:cm

❶

表布A

P.41 灿阳花海名片套

(材料请参考P.105的灿阳花海笔记本套)

❷

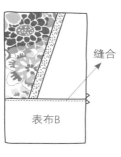

缝合

表布B

❸❹

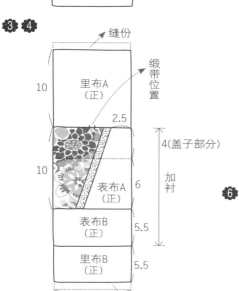

缝份

10
里布A(正)

缎带位置

2.5

4(盖子部分)

10
表布A(正)
6

加衬

表布B(正)
5.5

里布B(正)
5.5

10.5
缝份

❺

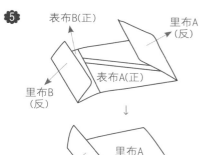

表布B(正)
里布A(反)
里布B(反)
表布A(正)

↓

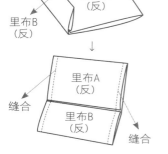

里布A(反)
里布B(反)

↓

里布A(反)
缝合
里布B(反)
缝合

❻

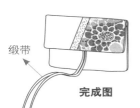

缎带

完成图

101

How to make

表布各色共11种(尺寸各色11cm)
里布30cm
铺棉30cm
磁扣1组
绣线少许

※1 前片贴布完成，铺棉压线后加上里布，
   正面对正面车缝至返口处，再由返口处
   翻至正面，以藏针缝缝合即完成前片。

※2 后片A、B相接合完成，铺棉压线后加上
   里布，正面对正面车缝至返口处，再由
   返口处翻至正面，以藏针缝缝合即完成
   后片。

※3 翅膀接合完成加上铺棉及里布一起车
   缝，翻至正面缝合返口后，于正面压线
   即完成翅膀。

※4 尾巴一片加上铺棉及里布一起车缝，翻
   至正面缝合返口后，于正面压线即完成
   尾巴。

※5 肩背带(50cm)车缝完成，加入铺棉两端缝
   合。

※6 肩背带缝至前片缝至止点，前片加后片
   由正面以藏针法相接合即完成身体部
   分。

※7 磁扣缝至里布后片头盖尖端处。

※8 尾巴缝至身体后面。

※9 翅膀由身体后方缝至身体前方即完成作
   品。

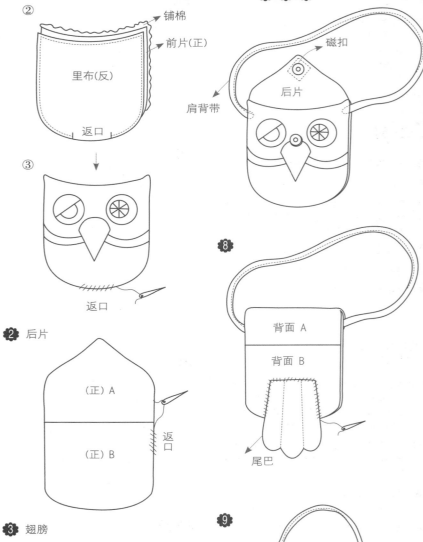

② 里布(反) 铺棉 前片(正) 返口

③ 返口

② 后片 (正)A (正)B 返口

③ 翅膀 返口 返口 压线

④ 尾巴 返口 压线

⑤⑥⑦ 磁扣 后片 肩背带

⑧ 背面 A 背面 B 尾巴

⑨ 完成图

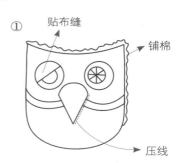

① 前片 贴布缝 铺棉 压线

How to make

材 料

表布1片(含前、后片)及贴布各色布(缝份均外加)
山坡布1片
贴布配色布12色
铺棉
坯布
里布
布衬1片
口金8cm1组
绣线
造形扣4个
娃娃头发适量

做 法

※1 依纸型图示裁好表布(前、后片)及贴布
　　各色布(缝份均外加)。

※2 依图示贴布缝顺序完成表布贴缝,将
　　前、后片表布拼接成一整片。

※3 整片表布+铺棉+坯布三层压线,贴布
　　部分可落针压线,后片压线依个人喜好
　　即可(压圆形或线条)。依图示完成图案
　　回针绣(咖啡色绣线),缝上造型扣及娃
　　娃头发。

※4 依原寸图裁好里布及布衬,缝份另加,
　　里布烫上布衬缝成里袋。

※5 表袋与里袋正面相对组合上线至止点,
　　修剪缝份及剪些牙口。

※6 将上线已接好的表袋与里袋摊开成一
　　片,表袋与里袋需打出2cm三角底,修
　　剪缝份及剪些牙口,修剪三角底,接合
　　处的缝份也要尽量修薄。

※7 利用里袋预留的返口将正面翻出,正面
　　翻出后,用熨斗将开口缝份处烫薄,这
　　样处理较好缝口金,袋形完成就可将口
　　金缝上了,最后将里袋预留的返口以藏
　　针缝缝合,大功告成!

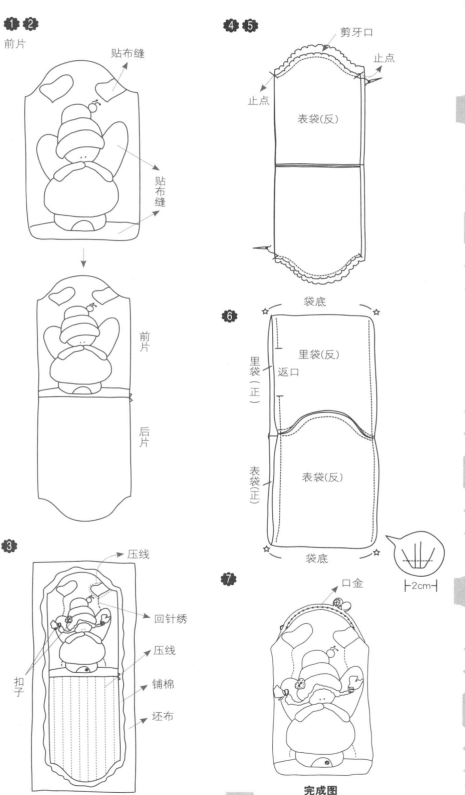

P.37 牛奶厨娃随身小包

材料

先染布
贴布片
里布
坯布
铺棉
绣线(红色、绿色、咖啡色、白色)
装饰扣
小花朵
蕾丝
17.5cm拉链

做法

前片

❀1 贴布完成，表布＋铺棉＋坯布疏缝压线。

❀2 装饰各部位，固定蕾丝。

后片

❀3 拼接之后，贴布完成，表布＋铺棉＋坯布疏缝压线。

❀4 苹果外围红色绣线平针装饰，固定蕾丝。

组合袋身

❀5 前片＋后片正面对正面车缝。

制作内袋

❀6 内袋与袋身尺寸、做法相同。

❀7 把内袋放入袋身，袋口包边一圈。

❀8 缝上拉链即完成。

前片
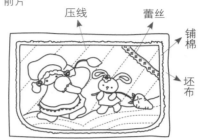
压线　蕾丝　铺棉　坯布

内袋(反)↓

后片
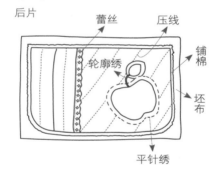
蕾丝　压线　轮廓绣　铺棉　坯布　平针绣

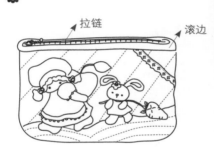
拉链　滚边
完成图

前片(反)　后片(正)　车缝

内袋前片(反)　内袋后片(正)　车缝

How to make

素布：红、紫、绿色各30cm×45cm
花布30cm×45cm
缎带60cm
奇异衬
段染线

做法

※1 裁紫色布7.5cm×4.5cm、5cm×6cm、13cm×7cm、3cm×10cm(布条)各1片；绿布13cm×12.5cm、3cm×9cm(布条)、7.5cm×4.5cm各1片；花布13cm×7.5cm、13cm×16.5cm各1片；红布4.5cm×16.5cm(书背)、25cm×16.5cm(里布)各1片，15cm×12cm2片(书内侧)，以上都含缝份0.7cm。

※2 右侧表布：将布块裁剪好，组合完成右侧表布。

※3 左侧表布：先依尺寸将花布裁切好，右上角与紫色布组合同时，加入绿色对折布条组合。左下角先与紫色布条组合后再与绿色斜角三角形组合，完成左侧表布。

※4 将左右侧表布与书背红布组合一起，铺棉压线。

※5 奇异衬反面烫在花布上，并且不留缝份剪下两三朵花，烫贴装饰在右侧表布上任何位置，运用锯齿缝(针幅0.3、针距1.2)固定花的边线。

※6 裁里布25cm×16.5cm1片，12cm×16.4cm2片(书内侧页)。

※7 书内侧页内折1.5cm，用花盘装饰固定。

※8 表布+内侧页+缎带+里面组合，翻至正面。

※9 缝上扣子，完成。

单位：cm

❶ ❷

右侧表布

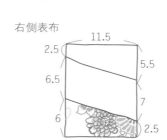

11.5
2.5
5.5
6.5
7
6
2.5

❸ 左侧表布

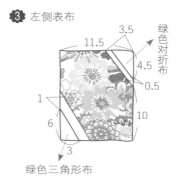

11.5
3.5
绿色对折布
4.5
0.5
1
6
10
3

绿色三角形布

❽

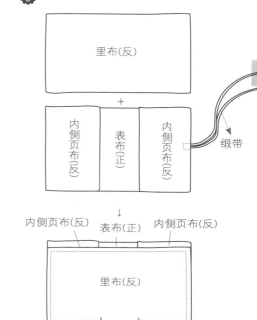

里布(反)

+

内侧页布(反)　表布(正)　内侧页布(反)

缎带

↓

内侧页布(反)　表布(正)　内侧页布(反)

里布(反)

返口

❹ ❺

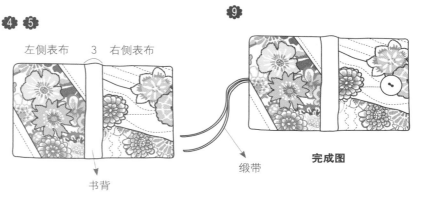

左侧表布　3　右侧表布

缎带

书背

❾

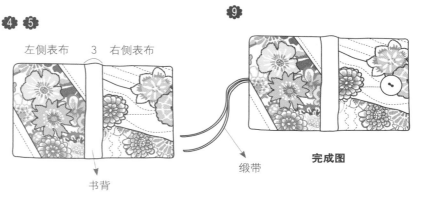

缎带

完成图

❻ ❼

内侧页布

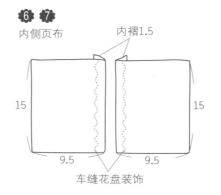

内褶1.5

15

15

9.5

9.5

车缝花盘装饰

How to make

P.40 小熊&小猪&小兔子零钱包

※ 仅示范小熊零钱包，其他做法相同。

材料

猪、熊、兔表布各约18cm×30cm1片
底布各约18cm×6cm1片
内耳布各约7cm×14cm1片
鼻子贴布各3cm×3cm1片
内里布及铺棉各18cm×22cm1片
18cm拉链3条
绣线少许

做法

❋1 小熊表布先将嘴贴缝好，再贴缝鼻子。

❋2 表布＋底布＋后片表布三片拼接完成。

❋3 耳朵部分先与薄棉中表缝合，翻至正面
　　再压装饰线，需先固定疏缝在表布上。

❋4 表布与里布＋铺棉三片中表缝合，留返
　　口再翻至正面。返口处需先用藏针缝合。

❋5 压线完成再绣上装饰及眼睛。

❋6 对折将两边卷针缝至记号点，再折底
　　3.5cm缝合，再上拉链即完成。

① 前片

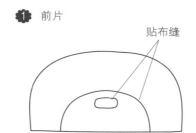

贴布缝

②

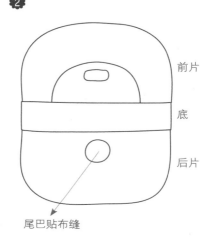

前片

底

后片

尾巴贴布缝

③

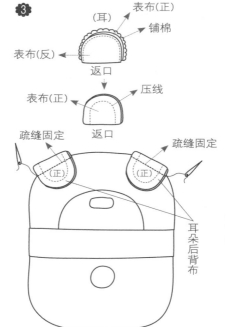

(耳)　表布(正)
铺棉
表布(反)
返口

表布(正)　压线
返口

疏缝固定　疏缝固定
(正)　(正)

耳朵后背布

④

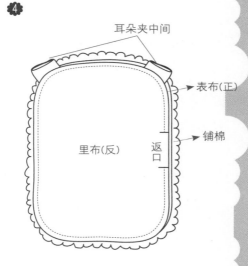

耳朵夹中间

表布(正)

里布(反)　返口　铺棉

⑤

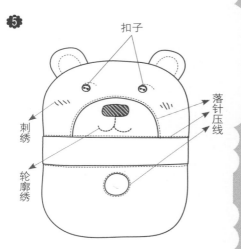

扣子

刺绣　落针压线

轮廓绣

⑥

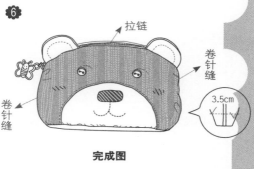

拉链
卷针缝
卷针缝

3.5cm

完成图

106

How to make

漆皮主布90cm
仿鹿皮内里90cm
(若主布使用棉布,请加单面胶棉)
鸡眼扣32mm4个
白金马蹄形扣环2个
皮带2.5cm×40cm

※1 纸型A(外袋)外加1cm缝份,2片。
※2 纸型B(内袋)外加0.7cm缝份,2片。
※3 纸型C(底)已含缝份,1片。
※4 依外袋底折痕记号由中心向外各自打褶,
　　并疏缝固定,将外袋两片两端车缝。
※5 接底,外袋完成。
※6 将内袋两片的两端车缝,于侧边留一返口,
　　可于此步依个人喜好制作口袋。
※7 接底,内袋完成。
※8 将内、外袋在袋口车缝一圈,翻至正面即可。
※9 依位置打上鸡眼扣,装扣环及提手完成。

❺

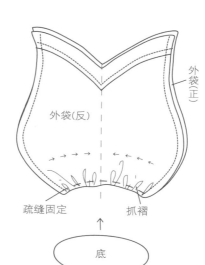

❽

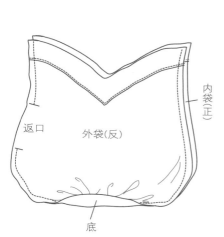

❶～❹

纸型已含缝份

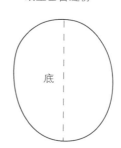

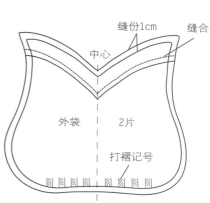

❻❼

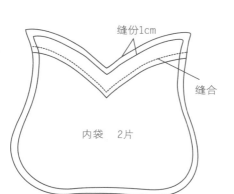

❾

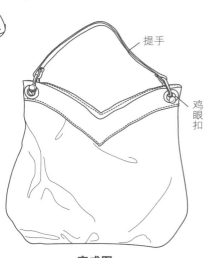

完成图

How to make

P.48 *C'est La Vie*·壁饰小品

尺寸图 单位：cm (请外加缝份)

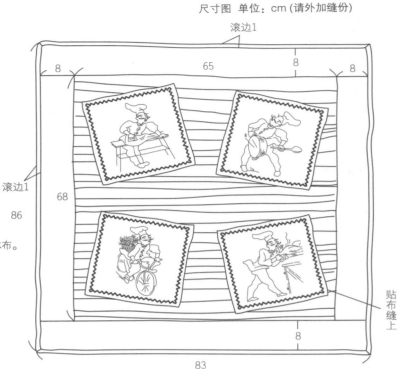

滚边1

8　65　8　8

8

滚边1

68

86

贴布缝上

83

材料

配色布各色长约70cm布条
图案布4片各24cm×24cm
边条布90cm
滚边条4cm×350cm
后背布90cm
铺棉90cm

做法

※1 配色布裁成宽幅不一的长条布。
※2 将步骤1的长条布接缝成约65cm×68cm的主体布。
※3 图案布贴缝在主体布上。
※4 接缝边条布。
※5 步骤4＋铺棉＋后背布一起压线。
※6 滚边即完成。

P.49 蒙布朗女孩嫩黄提包

材料

配色布10～12片各30cm
底布55cm×16cm
里布60cm
铺棉60cm
拉链45cm
口布、提手用布30cm
棉绳114cm2条
包扣4颗(直径3cm)
织带53cm×3cm2条

❶

5cm

192片

5cm

(已含缝份)

❷

铺棉

压线

前、后片：
横12×直8＝96片

❸ 口布

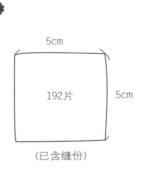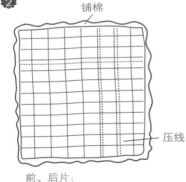

挡布(反)　挡布(正)　拉链45cm　挡布(反)

6cm　　　　　　　　　　挡布(正)

4.5cm

里布(反)

口布(正)

铺棉　　4.5cm

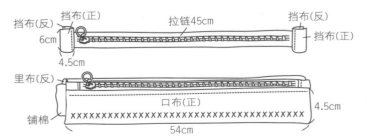

54cm

108

How to make

做法

※ 1 配色布裁成边长5cm的正方形(已含缝份)共192片。

※ 2 布片排列后车缝(前片、后片)+铺棉一起压线，
再用纸型取实际尺寸，并贴上内里。

※ 3 拉链前后侧加上挡布，口布夹车拉链。

※ 4 侧身口布画好尺寸加铺棉一起压线，侧身再与口
布接成一圈。

※ 5 裁宽3.5cm、长114cm斜纹布条，反面中间包住棉
绳，固定于前片与后片的四周做出芽。

※ 6 提手布54.4cm×7.4cm(已含缝份)，将四周缝份折
0.7cm，对折中间包住织带，四周车缝一圈固定
(共做2条)。

※ 7 步骤5与步骤4正面相对缝合组合成袋子。

※ 8 缝合的内里处用滚边处理。

※ 9 缝上步骤6的提手及包扣即完成。

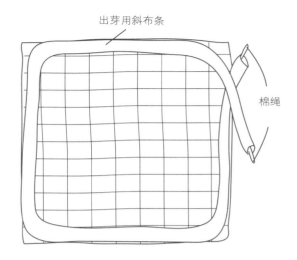

⑤ 出芽用斜布条
棉绳

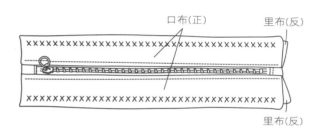

口布(正) 里布(反)
里布(反)

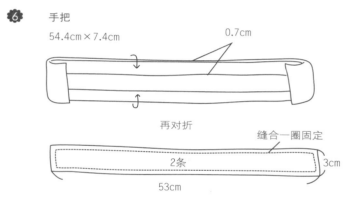

⑥ 手把
54.4cm×7.4cm
0.7cm
再对折
缝合一圈固定
2条
53cm
3cm

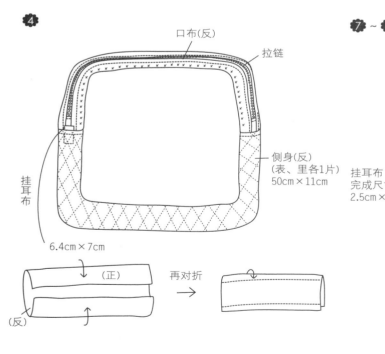

④ 口布(反) 拉链
挂耳布
侧身(反)
(表、里各1片)
50cm×11cm
6.4cm×7cm
(正) 再对折 →
(反)

⑦～⑨
提手
包扣(直径3cm)
挂耳布
完成尺寸:
2.5cm×3cm
出芽
完成图

P.54 美丽心晴随身包

材料

碎花布2种
表布之花布30cm×40cm
条纹布60cm×50cm
里布60cm×50cm
25cm拉链1条
铺棉60cm×50cm
绣线7种颜色
不织布

做法

※1 将A、B、C、D等布片拼接缝合。
※2 栅栏与浇水壶贴布完成。
※3 帽子、玫瑰花束等利用封闭型人字绣、卷线玫瑰绣、蛛网玫瑰绣、结粒绣、雏菊绣、不织布等完成。
※4 铺棉并完成压线。
※5 C部分(不留缝份)上滚边(3.5cm×30cm),并用星止缝缝合拉链。
※6 将表布依序组合。
※7 里布缝合,于口布的地方用藏针缝固定于表布袋身。
 ※卷线玫瑰绣:建议使用较细的刺绣针来刺绣,较易制作出漂亮的卷线玫瑰绣。

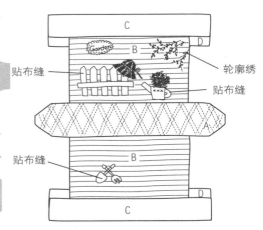

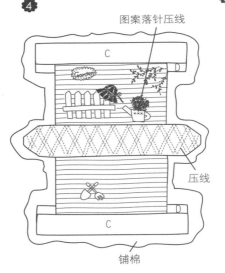

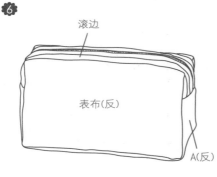

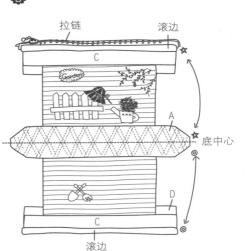

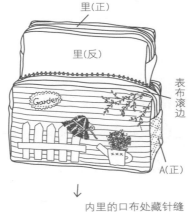

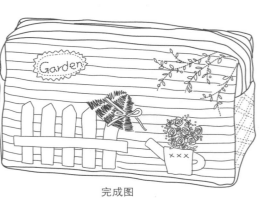

完成图

How to make

P.56 编织置物篮·提袋两用包

图案布60cm
滚边布30cm
配色布各60cm
里布60cm
土台布60cm
棉60cm
提手棉芯100cm

做法

※1 图案布20cm×20cm，缝份1cm。
※2 图案布＋铺棉＋土台布＋里布距边1.5cm车缝。
※3 裁3cm的棉，用穿绳器把3cm的棉穿在土台布与里布之间，表布会蓬蓬的，四周滚边。
※4 编织：两种配色布，一种裁4cm×20cm18条，一种裁4cm×25cm15条。用18mm的滚边器烫好编织用布条，对折车缝。
※5 裁厚布衬16cm×20cm，做编织，加棉，四周滚边。
※6 用卷针缝组合如图。
※7 底则依实际做好的四边尺寸测量制作。与步骤6组合。
※8 提手长100cm×7cm，车缝1cm，穿入提手棉芯。
※9 扣环4cm×8cm，两侧1cm缝份对折车缝一圈，固定置物篮四边，再穿入提手即完成。

④ ⑤ ※编织方法请参考P.57。

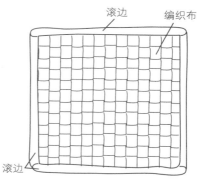

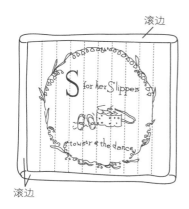

⑥

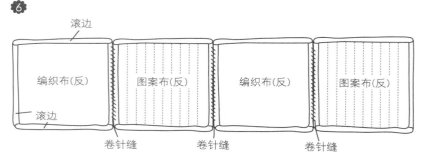

⑦

⑧ ⑨

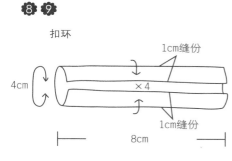

① ②

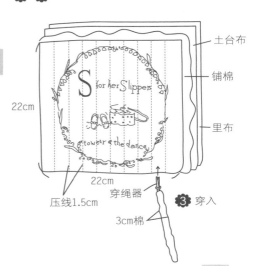

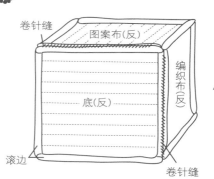

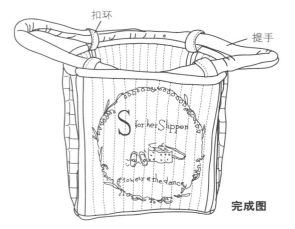

完成图

P.71 糖果迷宫包

How to make

材料

主布60cm
里布60cm
厚衬60cm
包扣3颗(直径2.5cm)
织带2.5cm×60cm

做法

※1 在厚衬上将纸型描下前片、后片。
※2 将厚衬烫在布上，周围留缝份1cm剪下。
※3 前、后片先车缝袋口处，打褶部分也先缝合。
※4 车缝步骤3之后（里袋做法与表袋相同），再将2片留返口后车缝一圈，翻至正面。将内里塞入表袋，袋口压线一圈。
※5 背带用55cm×3cm织带，车缝于袋身两侧，并做包扣挡住车缝线。
※6 缝上包扣即完成。

1 2

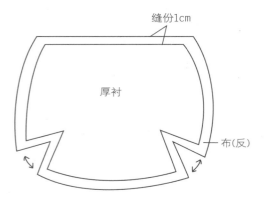

缝份1cm
厚衬
布(反)

3

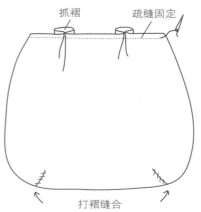

抓褶   疏缝固定
打褶缝合

4

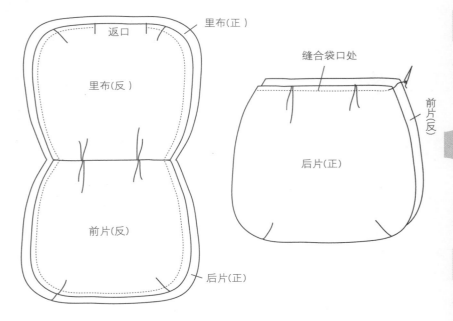

返口   里布(正)
里布(反)
缝合袋口处
里布(反)
前片(反)
前片(反)
后片(正)
后片(正)

5 背带

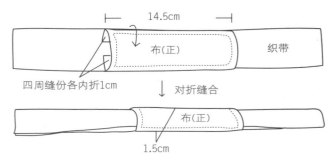

14.5cm
布(正)   织带
四周缝份各内折1cm
对折缝合
布(正)
1.5cm

6

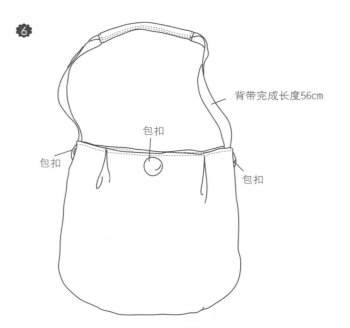

背带完成长度56cm
包扣
包扣
包扣